JN107163

Transistor
Gijutsu
Special
for Freshers

トランジスタ技術 SPECIAL forフレッシャーズ

No.109

表紙・扉・目次デザイン＝千村勝紀
表紙・目次イラストレーション＝水野真帆
本文イラストレーション＝神崎真理子
表紙撮影＝矢野 渉

Transistor
Gijutsu
Special
for Freshers

トランジスタ技術
SPECIAL
forフレッシャーズ
No.109

徹底図解

アナログ信号をディジタル処理するために必須の回路技術

A-Dコンバータ活用ノート

ノイズ
対策

電子部品&
デバイス

アナログ
回路

マイコン

ロジック
回路

トランジスタ技術SPECIAL forフレッシャーズは,
企業の即戦力となるためにマスタするべき
基礎知識と設計技術をわかりやすく解説します.

forフレッシャーズの世界

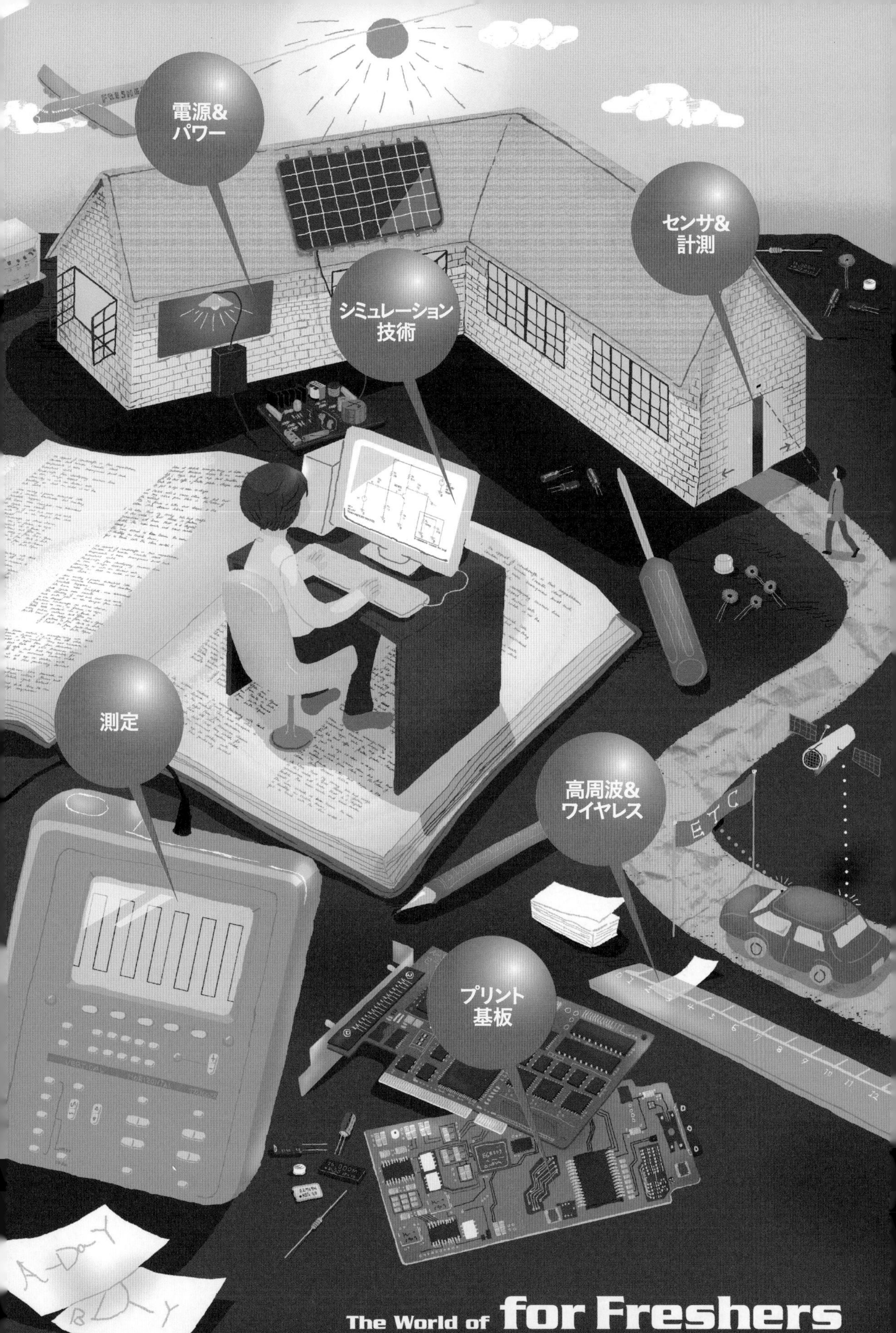
電源&
パワー
センサ&
計測
シミュレーション
技術
測定
高周波&
ワイヤレス
プリント
基板
ETC
A-Day
B-DAY

The World of **for Freshers**

Illustration by Maho Mizuno

Transistor
Gijutsu
Special
for Freshers

トランジスタ技術 SPECIAL for フレッシャーズ
No.109

はじめに

A-D変換およびA-DコンバータICの応用製品は広範囲であり, 精度や変換スピードもアプリケーションによって大きく異なりますが, Analog-to-Digital変換という基本機能はすべて同じです. 本書では, アナログ信号をいかに正確に目的とするディジタル信号に変換するかをわかりやすく解説します. また, 本書の執筆は, 著者の半導体メーカにおける高精度リニアIC(A-D/D-Aコンバータを含む)のアプリケーション技術に関する長年の経験と実績(回路設計サポート, 応用技術サポート, トラブル対策, 技術トレーニング・セミナ, 技術資料作成, 評価ボード設計など)がもとになっています. 回路設計エンジニアとして最低限必要な知識, 情報, 設計手法などについて, A-DコンバータICの供給側とA-D変換回路の実アプリケーション設計側の両方の立場と観点から解説しています. 本書の十分な理解と活用によって, 優秀なシステムが多く誕生することを望んでいます.

河合 一

CONTENTS

徹底図解

アナログ信号をディジタル処理するために必須の回路技術
A-Dコンバータ活用ノート

第**1**章

自然界の連続量を2進数で数値化する

アナログ信号とディジタル信号

アナログ(analog)という言葉は「類似」,「相似」という意味をもっています. つまり, 何らかの物理量, 連続量を表示するときに, その表示が元の物理量, 連続量に類似, 相似したものであり, これをアナログと定義しています. つまり, 自然界や物理的要素を何らかの量として表すことをアナログ表示と定義できます.

アナログ表示の例としては,

(1) メータ(指針のある計器)で測定される電圧, 電流, 電力の表示

(2) 昔からあるはかりでの重さの表示

(3) 水銀体温計での温度の表示

(4) 自動車, 電車での指針でのスピードの表示

などが代表例としてあげられます.

一方, ディジタル(digital)とは前述のアナログ量を数値化して表すもので, 専門用語としてはこれを「量子化」と定義しています. アナログが連続量であるのに対して, ディジタルでは不連続量(離散量)となります.

前述のアナログ表示の代表例は現在ではすべてディジタル表示が可能になっています. すなわち,

(1) ディジタル・マルチ・メータ(**イラスト1**)

(2) ディジタルはかり(**イラスト2**)

(3) ディジタル表示の体温計(**イラスト3**)

(4) ディジタル表示の速度計(**イラスト4**)

など, どれも普及しすぎて使用者にとって今さらアナログだ, ディジタルだと特に意識するものでもなくなっているかもしれません.

イラスト1 電圧や電流を測るテスタ

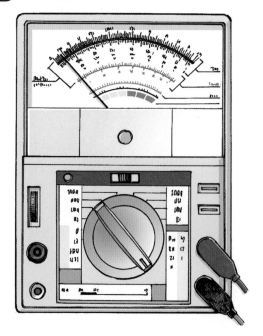

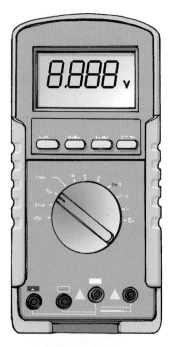

(a) アナログ・テスタ

(b) ディジタル・テスタ

イラスト3 体温を測る体温計

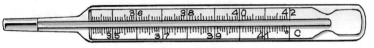

(a) アナログ体温計

(b) ディジタル体温計

イラスト2 重さを量るはかり

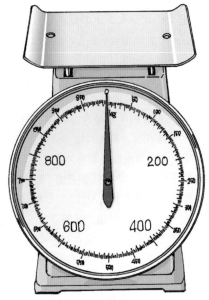

(a) アナログはかり

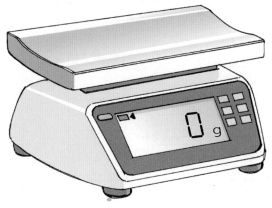

(b) ディジタルはかり

イラスト4 スピードを測る速度計

(a) アナログ速度計

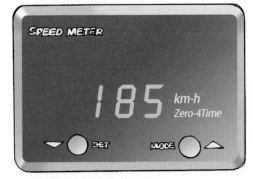

(b) ディジタル速度計

1-1 まずはアナログ量とは何かを確認してみよう

● アナログ量とその単位

一口にアナログ量といっても多すぎて整理するのは大変です．生活に密着しているもののなかで気象に関係するものでは，摂氏 [℃] で表される気温，パーセント [%] で表される湿度，[m/s] で表される風速，[mm] で表される降水量といったものがあります．

また，重量(重さ)に関係するものとしては，グラム [g]，キロ・グラム [kg]，トン [t] などがあります．車の運転では，時速 [km/h] で表される速度，回転数 [rpm/m] で表されるエンジン回転数などがあげられます．

もちろん，電気/電子の世界でも電気の基礎となるオームの法則の3要素，電圧 [V]，電流 [A]，抵抗 [Ω] をはじめとして，静電容量 [F]，インダクタンス [H]，雑音スペクトラム密度 [V/$\sqrt{\text{Hz}}$] といろいろ存在します．

さらには，いろいろな機械制御では加速度，圧力，回転数，角度などの物理/機械的要素もありますし，化学分野では [ph](ペーハー)，二酸化炭素濃度 [ppm] などの要素もあります．

アナログ量をディジタル値に変換(A-D変換)するに際して，その変換しようとしているアナログ量とは何かを把握することは最も基本的なことであり，A-D変換の設計者はアナログ量(信号)について必ず検証，確認しておかなければなりません．

表1 に，おもなアナログ量についてまとめました．これらのアナログ量はその「単位」が定義

されています．

● アナログ量の範囲と精度

アナログ量はそれぞれの単位が存在すると同時にアナログ量の「範囲」と必要な「精度」があります．電圧を例にとると直流，交流の区別もありますが，電圧値のみに注目すると，発電/変電所などで扱う 22 kV～220 kV といった高圧電圧から 100 V～220 V の家庭/産業レベルの電圧，わずか数 μV～数 mV の微小信号電圧など，その範囲はとても広範囲です．そして，それらの電圧のなかで必要な精度も異なります．

一般家庭でのコンセントの電圧は 100 V (交流, 50 Hz/60 Hz) ですが，100 V からの誤差は ±6 V が供給側での許容値と記憶しています．これを利用する側の家電製品では，余裕をみて 100 V ± 10 V 程度の範囲で動作するように設計されています．すなわち，家庭用の電圧を検出する場合，100 V に対して 1 V 程度の精度があれば一般的には十分で，100.01 V とか 0.01 V オーダの精度は必要ありません．一方，単3乾電池の電圧は 1.5 V ですが，誤差が 1 V では実用的でなく実際にはありえません．1.4 V とか 1.3 V とか，最低でも 0.1 V オーダの精度が必要です．

ここで確認しておきたいことは，これらの例で示したとおり，アナログ量の範囲と必要とする精度はアプリケーションによって大きく異なるということです．ここでの精度は後述する A-D コンバータの基本仕様である「分解能」と直接的に関係してきます．

表1 おもなアナログ量

物理量	単位または表現	物理量	単位または表現
電圧	ボルト [V]	圧力	パスカル [Pa]
電流	アンペア [A]	速度	時速 [km/h]
電力	ワット [W]	距離	メートル [m]
抵抗	オーム [Ω]	振動	振幅，周期
音波	音圧 [Pa]，周波数 [Hz]	加速度	メートル毎秒毎秒 [m/s^2]
電波	電界強度 [V/m]，周波数 [Hz]	角速度	ラジアン毎秒 [rad/s]
磁力	磁束密度 [Wb]	回転数	回転毎分 [rpm]
温度(摂氏)	度 [℃]	機関出力	馬力 [hp]
温度(華氏)	度 [°F]	位置	x, y, z
湿度	パーセント [%]	角度	度 [°]，ラジアン [rad]
気圧	ヘクト・パスカル [hPa]	照度	ルクス [lx]
風力	秒速 [m/s]	輝度	カンデラ [cd/m^2]
重量	グラム [g]	色	波長 [nm]
粘度	パスカル秒 [Pa·s]	ガス濃度	百万分率 [ppm]

1-2 アナログ信号をディジタル信号に変換する理由

データ化することで蓄積，解析，演算などが容易になる

● ディジタルに変換する理由は

普段の生活のなかでは別にA‐D変換なんかする必要のないアナログ量も多くあります．たとえば，簡単な体温計なら「37.7℃…まぁちょっと微熱かな」で，本人も医者もそれに応じて対処することになるでしょう．この体温も24時間連続で数時間おきに記録するとなると，もちろん人が体温計を見て記録することもできますが，(A‐D変換して)ディジタル医療器で体温を記録するのが現在の常識です．

アナログ量ではその測定値には「目盛り」があり，それを読み取ることが必要ですが，ディジタル記録では温度データを自動的に計測し，記録，保存，出力することが可能です(**図1**)．

自動車のスピード・メータのように直感的にアナログ表示のほうが人の感覚に馴染んでいるものもありますが，多くの場合，アナログ量の表示，記録/保存，解析，制御を実行する場合にA‐D変換が必要となります．

昨今のディジタル技術の飛躍的な進歩により，

ディジタル化したデータはいろいろなディジタル信号処理技術との組み合わせで，高度な分析，解析，自動制御，省力化に大きく寄与することになります．また，データの記録，保存では記録データが劣化したりすることはなく，かつ記録媒体の進歩により小型，軽量化できます．

● ディジタル化は目的のための手段

前述のとおり，ディジタル値への変換，ディジタル化により多くのメリットが存在しますが，これらを整理すると，

(1) データの記録，表示(**図2**)
(2) データの解析，分析(**図3**)
(3) データ解析によるシステム制御(**図4**)

などが，目的を実行するための手段(A‐D変換)と言えます．

データの記録でのわかりやすい例としては，オーディオ・ビデオ・アプリケーションでの，

　　LPレコード(アナログ)

　　VHSビデオ(アナログ)

　　オーディオCD(ディジタル)

図1 温度の記録の例
ディジタル化したほうが自動記録に便利

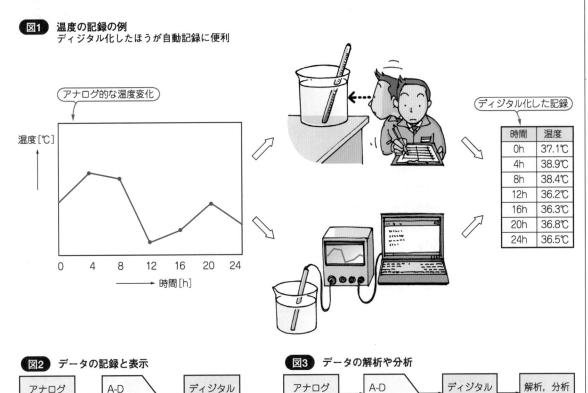

時間	温度
0h	37.1℃
4h	38.9℃
8h	38.4℃
12h	36.2℃
16h	36.3℃
20h	36.8℃
24h	36.5℃

図2 データの記録と表示

アナログ物理量 → A-Dコンバータ → ディジタル記録/表示

図3 データの解析や分析

アナログ物理量 → A-Dコンバータ → ディジタル処理/演算 → 解析，分析データ

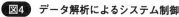
図4 データ解析によるシステム制御

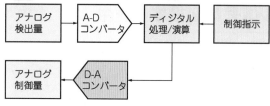

DVD, Blu-Ray(ディジタル)
などがあげられます.「音質」という主観要素は別として, アナログLPでの保存状態に影響された物理的な傷, ほこりなどによる記録データの劣化(ノイズやキズ)は, オーディオCDでディジタル化されたことにより保存状態に影響されにくいものになりました. また, 操作性, 小型軽量化というメリットも生み出しています.

表示のみの機能も多くあります. 電気/電子業界では電圧, 電流, 抵抗を測定するディジタル・マルチメータなどがその代表的な例です. 電子温度計, 電子血圧計, 電子はかりなどの機器も同様で, これらの機器においては, 計測＝表示という機能を有していることになります.

データの解析, 分析では, ディジタル信号処理技術と組み合わせることによって多くの計測, 分析, 解析装置が実用化されています. 医療分野では, MRIやCTスキャナ, 血液分析器, 生化学分析装置などがあげられます. 工業/産業分野では,

分光分析装置, 構造解析装置, 工業用ガス分析装置など多くの解析/分析装置があげられます.

電気/電子分野ではFFTアナライザ, タイム・ドメイン・アナライザ, オーディオ・アナライザなどが代表例としてあげられます.

システム制御としては, 工業, 機械, 化学, 電気, 半導体などあらゆる産業分野で利用されています. また, 民生用途でも単純な制御システムが利用されている家電製品が多くあります.

システム制御の基本構成は **図4** に示したとおりです. 温度, 圧力, 回転数, 電力などのアナログ信号をA-D変換し, 得られたディジタル・データを制御プログラムで処理したディジタル信号をD-A変換して, その制御する対象に適切なアナログ信号を与えて制御を実行することです. ここで, 制御プログラムという言葉が出てきましたが, 当然, CPU技術との組み合わせが必要であり, 制御の目的, 方式, 性能, 機能などにより多くのバリエーションがあります.

大規模なものでは発電所の発電/電力制御装置, 製鉄所の溶鉱炉制御装置などがあり, ほかには半導体製造装置, 列車制御装置, シーケンサ, FA機器など, 多くの制御装置があります. 家庭電化製品の分野では, ご飯を美味しく炊き上げる炊飯ジャーも専用の制御プロラムで動作する制御システムと言えます.

センサについて

column

アナログ信号をA-D変換する前段階で, アナログ物理量(機械的要素や化学的要素を含めて)を電気信号に変換する必要がありますが, この役目を有するのが各種センサ(sensor)です.

センサの種類は非常に多くあります.

温度関係では, 熱電対やサーミスタが代表的なセンサと言えます.

ショットキー型GaAsPフォト・ダイオードは公害分析, 分光光度計測, 紫外線検出などに用いられています.

機械要素では加速度センサ, 振動センサなどがあります.

化学要素では半導体ガス・センサ, 酸素センサなどがあります.

ここでは温度補償などによく用いられるサーミスタについて簡単に解説します. サーミスタの特性は

下式で定義されています.

$$R_1 = R_2 \exp B\left(\frac{1}{T_1} - \frac{1}{T_2}\right)$$

R_1, R_2：T_1, T_2でのゼロ負荷抵抗値［Ω］

T_1, T_2：絶対温度［K］

B：B定数

ゼロ負荷抵抗値とは, 自己発熱要素のない状態でのサーミスタの抵抗値のことです. B定数とは, 任意の2点温度から求めた抵抗変化の大きさを表す係数です.

サーミスタには大別して2種類の温度-抵抗特性があります.

PTCサーミスタ：温度上昇で抵抗値が上昇

NTCサーミスタ：温度上昇で抵抗値が減少

いずれの場合も, アプリケーションによって使い分けがされています.

1-3 ディジタル値とはどういうものか

● 最小の単位は1ビット

アナログ入力信号からA-DコンバータでA-D変換されると当然出力されるのはディジタル・データとなりますが，やはり，一口にディジタル・データといっても非常に多くのものが存在します．

ディジタル信号そのものは '0' か '1'，Lowレベルか High レベルのパルス信号ですが，このパルス信号ひとつがディジタルでの最小単位となります．これを一般的にはビット（bit）という単位で定義しています．

すなわち，データ・ビット数［bit］がディジタル値の基本単位となります．このディジタル値はアナログ値が10進数であるのに対して，特別なケースを除いてほぼすべて2進数が用いられます．これはディジタルの世界では基本中の基本ですが，A-D変換されたディジタル・データも当然2進数での表現になります．そして個々のデータはバイナリ（2倍の関係）な重み付けがされています．

ディジタルで表現できるデータはアナログの連続量に対して不連続（離散）量なので，ディジタルの領域ではディジタル・データ長（ディジタル・ビット数）によってその表現できる量（値）が決定されます．

ディジタル値の表現できる値（数）Mは，

$$M = 2^n \quad\text{……………………………(1)}$$

n：ビット数

で示されます．ここで$n=1$なら$M=2$（0か1），$n=3$なら$M=8$，$n=16$なら$M=65536$となります．

図5 に3ビット・ディジタル・データでの表現の例を示します．

このビット数はA-Dコンバータの場合，分解能（resolution）として仕様化されています．A-Dコンバータも用途によっていろいろな分解能のモデルが存在します．周知のとおり，オーディオCDでのディジタル・データのビット長（分解能）は16ビットで規格化されていますが，工業/産業用途では8ビットの汎用グレードから24ビット以上の高分解能まで，用途に応じて分解能は異なり

ます．

● MSBとLSB

nビットのディジタル・データはn個のディジタル・データであり，個々のデータ，すなわち，各ビットではバイナリの重み付けがされていることを説明しましたが，各ビットの最初と最後には特定の名称が付けられています．

重み付けの最も重い（量の大きい）ビットをMSB（Most Significant Bit），逆に最も重み付けの小さい（量の小さい）ビットをLSB（Least Significant Bit）と定義しています．呼称にはいくつかあり，

　　　MSB：最上位ビット

　　　LSB ：最下位ビット

と呼ぶ場合もあります．バイナリの重み付けの定義から，通常MSBは扱うアナログ値の全レンジの1/2の重み付けをもち，LSBはアナログ値の分解能で決まる最小単位を有しています．

● ディジタル・コード

また，ディジタル・データの重み付けにおいても正の数のみ扱うのか負の数も扱うのかの違いや，冗長性を加味するなどによりいくつかの違いがあります．これらは通常，ディジタル・コードと呼ばれ，アナログ量との関係がそれぞれ定義されています．

一般的には，

(1) CSB：Complementary Straight Binary

(2) COB：Complementary Offset Binary

図5 3ビット・ディジタル・データでの表現の例

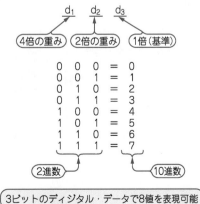

3ビットのディジタル・データで8値を表現可能

(3) CTC：Complementary Two's Complement binary

の3種類が多く用いられています．

　これらのディジタル・コードのアナログ値との関係を 図6 に示します．ここでは，0Vから正電圧のみをユニポーラ，0Vから正負（±）電圧をバイポーラと定義しており，フルスケール（信号最大値）を＋FSR，－FSRで表現しています（FSR；Full Scale Range）．CTCは単純に2's Complementと表現されているケースもあります．

　このディジタル・コードの定義は，ディジタル領域でのディジタル演算を実行する際の基本要素となるので非常に重要です．

● シリアルとパラレル

　ディジタル・データの種別のもう一つの大きな大別はその伝送（インターフェース）方式であり，シリアル（Serial；連続）とパラレル（Parallel；平行）の2種類があります．

▶ パラレル・データ（ 図7 ）

　8ビット変換での例を示しますが，パラレル・データ伝送はMSBからLSBまでの全ビットを同時に出力するものです．変換スタートあるいはA-Dコンバータのデータ有効クロックで変換ごとにデータを取り込みます．

　パラレル・データの場合は分解能が高くなるとその分解能（データ・ビット数）の伝送ラインが必要になるのが難点ですが，一度のタイミングで全データを同時に伝送するので，高速伝送に適しています．

図6 ディジタル・コードとアナログ値との関係

	ユニポーラ動作	バイポーラ動作	バイポーラ動作
ディジタル・コード（12ビット）	CSB	COB	CTC
1111 1111 1111	＋FSR	＋FSR	ZERO－1LSB
1000 0000 0000	＋FSR/2	ZERO	－FSR
0111 1111 1111	＋FSR/2－1LSB	ZERO－1LSB	＋FSR
0000 0000 0000	ZERO	－FSR	ZERO

MSB　　　　LSB

図7 パラレル・データの信号

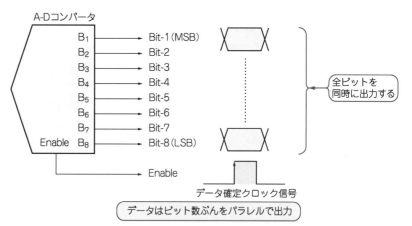

全ビットを同時に出力する

データ確定クロック信号

データはビット数ぶんをパラレルで出力

図8 シリアル・データの信号

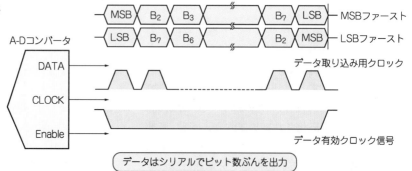

MSBファースト

LSBファースト

データ取り込み用クロック

データ有効クロック信号

データはシリアルでビット数ぶんを出力

▶ シリアル・データ（図8）

同様に，8ビット変換での例を示しますが，シリアル・データ伝送では，データそのものとデータを取り込むためのクロック，データのスタートあるいは終了を示すタイミング信号の3種類の信号ラインが必要になります．クロックに同期してデータを逐次出力する方式です．

分解能（変換ビット長）が異なっても，シリアル伝送では信号ライン数に変わりはありません．16ビット～24ビットのような高分解能の場合でもシリアル伝送では信号ライン数は同じで済みますが，全データを取り込むための時間はパラレルに比べて長くなります．

また，シリアル伝送では，シリアル・データの配置，始まりがMSBからスタートするMSBファースト，LSBからスタートするLSBファーストの違いもあります．

ディジタル・コードのあれこれ

● 桁表示に便利なBCDコード

ディジタル・コードの種類には，本文で説明したディジタル・コードのほかにもいくつかのものが存在します．その代表的なものの一つにBCD（Binary Coded Decimal）コードがあります．

BCDコードは2進化10進数とも呼ばれ，4ビットのバイナリ・コードのグループによって10進の桁を表現します．

最上位の4ビット・コードが百の重みをもつとすると，次の4ビット・コードは十の重みをもち，最下位の4ビット・コードは一の重みをそれぞれもっています．

わかりやすい例では，3桁のディジタル表示のスピード計では，写真Aのように4ビット×3＝12ビットのBCDコードで表示することができます．

BCDコードでは4ビット＝16通りの表現が可能なのにもかかわらず，0～9の10通りの表現しか用いないので不経済と言えますが，簡単なディジタル表示にはよく用いられます．A-DコンバータICによってはBCDコード出力対応の製品もあります．

● 冗長性を考慮したCTCコード

CTCコード（Complementary Two's Complement binary）は，COB（Complementary Offset Binary）コードのMSBのみが反転したディジタル・コードとも定義できます．

ディジタル・コードがシリアルまたはパラレルいずれの方式であっても，「ディジタル・データ」として見た場合は，Low（'0'）かHigh（'1'）の信号であることは変わりません．

このディジタル・データが何らかの異常や不具合によって不正確なものとなった場合，表示機能だけのシステムであれば表示の異常だけですみますが，たとえばロボット・アームなどでディジタル・データがアーム位置を決定している場合などには何らかの安全策が必要です．

トラブルの例として，ディジタル・データを処理しているロジック回路（ロジックIC）が故障したとします．この場合，ほとんどは出力ピンが電源側にショート（全部High）またはグラウンド側にショート（全部Low）といった状態になります．

もし，ロボット・アームが異常データでそのまま動作したとすると±FSR時の位置に移動することになります．または，LowとHighの異常が交互になったとすると両位置間をスイングしてしまいます．

ここでCTCコードの信号レベルとの定義（図6）を見ると，オールLowではZERO（バイポーラでの中心），オールHighではZERO－1LSBと，センタ位置とそれより1LSB小さい位置のいずれかにしか位置しないことになります．すなわち，CTCコードは何らかの異常に対して冗長性を有したコードと言えます．

写真A スピード計の表示例

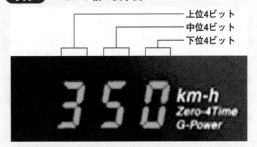

上位4ビット
中位4ビット
下位4ビット

量子化によって誤差が発生する
A−D変換の基礎原理

● 量子化

　A−D変換の基本機能は当然 Analog-to-Digital変換ですが，前述のとおりアナログ信号/値は連続量であるのに対してディジタル信号/値は離散信号であり，A−D変換を別の言葉で言うと「量子化」と定義されます．この量子化は，アナログ値をディジタル値に置換することを意味します．

　この概念を 図9 に示します．元のアナログ信号 A_n に対して，量子化されたディジタル・データは，D_n となります．図9 において，アナログ信号 A_n は連続量であるのに対して，ディジタル値は D_{n-1}，D_n，D_{n+1} の三つの値しかありません．このディジタル値の量子化の細かさはA−D変換の分解能（nビット）で決定され，一つのディジタル・データのもつアナログ値の幅は分解能で決定される 1 LSB（±0.5 LSB）となります．

● 量子化誤差

　別の言いかたをすると，ディジタル値 D_n はアナログ値 A_n に対して ±0.5 LSB の誤差をもつことになります．すなわち，アナログ値 A_0，A_1，A_2 の範囲にあるアナログ値は，いずれも量子化においては一つのディジタル値 D_n に変換されることになります．

　この誤差はA−D変換における分解能（デバイスの精度とは別）で直接決定され，一般的には「量子化誤差」で定義されます．

　そして，この最小ステップ幅，1 LSB は，

$$1\,\text{LSB} = \frac{FSR}{2^n} \quad\cdots\cdots\cdots\cdots\cdots (2)$$

　FSR：アナログ最大信号振幅
　n：分解能（ビット）

で表されます．

　ここで重要なことは，A−D変換においては，この量子化レベル（分解能）が基本精度を決定する重要な要素であることです．

　たとえば，8ビット分解能では，1 LSB はフルスケールの0.39％になり，16ビット分解能では 1 LSB はフルスケールの0.0015％になります．すなわち，求められる精度とA−D変換の分解能は直接関係していることになります．

　また，D−A変換においては，分解能 n と同じ数 n のアナログ・ステップ数がありますが，ステップ数−1が1 LSBの重み付けになるので，

$$1\,\text{LSB} = \frac{FSR}{2^n - 1} \quad\cdots\cdots\cdots\cdots\cdots (3)$$

となります．

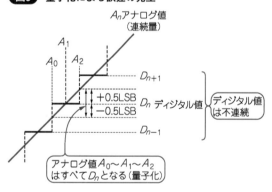

図9　量子化による誤差の発生

A_nアナログ値
（連続量）

A_1
A_0　A_2

D_{n+1}

+0.5LSB
−0.5LSB　D_n ディジタル値

ディジタル値
は不連続

D_{n-1}

アナログ値 $A_0 \sim A_1 \sim A_2$
はすべて D_n となる（量子化）

量子化雑音は聴こえるか

　量子化によってディジタル化されたディジタル・データは，分解能に応じた近似値です．量子化誤差の許容レベルはアプリケーションによります．計測器などではその機器に求められる精度によって許容値が決定されますが，この量子化誤差を人間の感覚（聴感）で感じることができます．それはディジタル・オーディオ・アプリケーションです．

　音楽CDの再生で，16ビット量子化がより低分解能となった場合，そのサウンドがどのように変化するかをパソコンで簡単に聴くことができます．

　Windowsの場合，サウンド・レコーダが付属されていますが，その動作を16ビット STEREO，8ビット STEREO などに選択できる機能があります．この機能を用いて，たとえば8ビット分解能にすると量子化雑音を実際に耳で聴くことができます．

第 **2** 章
A−D変換するまえに信号の調節を行う回路が必要

アナログ信号処理の概要

アナログ信号処理は，A−D変換において重要な役目をもっています．A−D変換の実回路においては，入力信号がA−Dコンバータ・デバイスに直接に入力されることはほとんどありません．実回路では，センサの信号あるいは被測定信号は，アナログ信号処理回路によって適切な信号レベルに変換され，またフィルタ処理などが施されてA−Dコンバータに入力されます．

ここでは，A−Dコンバータに前置するアナログ信号処理回路の概要について解説します．

2-1 　正確なディジタル値に変換するために
アナログ信号処理が重要

● 総合誤差の概念

図1 に，アナログ信号処理回路とA−Dコンバータとの組み合わせによる精度（誤差）の概念を示します．A−D変換における量子化誤差については前述しましたが，この量子化誤差は分解能によって異なります．

したがって，使用するA−Dコンバータの分解能に応じた精度（誤差）がアナログ信号処理回路に求められます．

図1 において，アナログ信号処理回路の誤差を ε_1，A−Dコンバータによる誤差を ε_2 とすると，元のアナログ信号Sに対するディジタル出力データDに含まれる誤差は， ε_1 と ε_2 の総合となります．

ここで重要なのは，それぞれの誤差において，

$$\varepsilon_1 \ll \varepsilon_2$$

の関係でなければならないことです．

● 精度（誤差）の検証

アナログ回路の誤差とA−Dコンバータの誤差が，システム総合としての誤差へどのように影響するかについて，検証してみましょう．

簡単な例として，A−Dコンバータの誤差 ε_2 が0.1％である場合，アナログ信号処理回路の誤差 ε_1 が1％とすると，その総合誤差は大きいほうの誤差 ε_1 の1％で制限されてしまいます．

高分解能化があたりまえの最近の技術動向では，A−Dコンバータの分解能は16〜24ビットと高精度になってきています．16ビットでの量子化誤差 ε_2 は0.0015％ですから，その前段に置かれるアナログ信号処理回路に求められる精度（誤差） ε_1 は，少なくとも0.0015％未満である必要があります．

すなわち，アナログ信号処理回路での精度（誤差）がいかにA−D変換において重要かを意味しています．

なお，図中では直感的概念での誤差表示をしていますが，正確には総合誤差実効値Eは，

$$E = \sqrt{\varepsilon_1{}^2 + \varepsilon_2{}^2} \quad \cdots\cdots\cdots\cdots\cdots\cdots\cdots (1)$$

となります．

図1 　A−D変換における誤差の発生

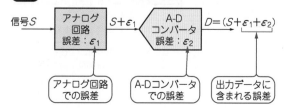

アナログ信号処理の基本的な機能としては，おもに次のようなものがあげられます．

(1) ゲイン・スケーリング(増幅，減衰)
(2) フィルタリング
(3) アナログ演算
(4) 電流-電圧変換
(5) バッファリング
(6) 信号変換

これらの各基本機能の概念と動作について，それぞれ解説します．

● ゲイン・スケーリング

図2 に示すゲイン・スケーリング(gain scaling)は，最も多く用いられるアナログ信号処理回路です．多くの場合は，小信号をA-Dコンバータ・デバイスの標準的なフルスケール入力信号レベルに増幅するものです．アプリケーションによっては，逆に大信号を減衰させて小信号に減衰させることもあります．

いずれにしろ，入力信号S_{in}は，この回路のゲインGにより増幅(減衰)され，出力信号S_{out}は，

$$S_{out} = GS_{in}$$

で求められます．

ここで，入力信号がユニポーラ(0Vから+側のみ，たとえば0V〜+5Vなど)か，バイポーラ(0Vから±両側，たとえば±5V，±10Vなど)かによって，電源構成をはじめとして，バイアスなどの回路構成が異なってきます．

入出力信号の関係$S_{out} = GS_{in}$は概念的にはこれでかまいませんが，実設計においては，オフセット電圧，ノイズ，非直線性誤差，温度ドリフト誤差などの誤差要因が加わるので，これらについての検証が必要です．

すなわち，前述のアナログ回路の誤差ε_1は，ゲイン・スケーリング回路のあらゆる誤差要素の総合となります．これは，単なるゲインに対する誤差だけでなく，オフセット誤差，ノイズ，非直線性，これらの対温度/対電源電圧ドリフトといった静特性と，スリュー・レート，通過帯域幅，THD(Total Harmonic Distortion)などの動特性も含まれます．

● 計測アンプによるゲイン・スケーリング回路

図3 に，計測アンプ(差動アンプ)の基本概念を示します．計測アンプでは差動入力(E_1，E_2に対する差信号)に対して差動ゲインG_Dを有しており，E_1とE_2に共通に存在する同相電圧V_Cは，その動作原理から除去されます．これを同相除去比($CMRR$；Common Mode Rejection Ratio)と言い，

$$CMRR = \frac{差動ゲイン}{同相ゲイン}$$

で定義されます．

計測アンプの最大の特長は，同相入力信号V_Cは$CMRR$によって除去されることです．この同相成分信号としては，

(1) ノイズやハムに代表される必要としない余分な信号
(2) DCオフセットなどのようにシステム構成上存在し，かつ伝達したくない信号

のいずれもがあてはまります．すなわち，これらの同相入力信号は計測アンプでは除去されるので，より正確な信号増幅が可能です．

図2 ゲイン・スケーリング回路の入出力信号

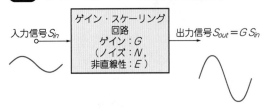

入力信号S_{in} → ゲイン・スケーリング回路 ゲイン：G (ノイズ：N，非直線性：E) → 出力信号$S_{out} = GS_{in}$

図3 計測アンプによるゲイン・スケーリング回路では同相入力信号が除去される

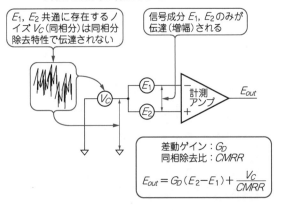

E_1, E_2共通に存在するノイズV_C(同相分)は同相分除去特性で伝達されない

信号成分E_1, E_2のみが伝達(増幅)される

計測アンプ E_{out}

差動ゲイン：G_D
同相除去比：$CMRR$

$$E_{out} = G_D(E_2 - E_1) + \frac{V_C}{CMRR}$$

● フィルタリング

　フィルタリング(filtering)は，扱うアナログ信号が動信号の場合にはほぼ必ず，静信号においても特定用途で組み合わされる回路です．フィルタリングの基本機能は，**図4(b)** ～ **図4(e)** に示す四つに分類されます．

(1) 低域通過フィルタ(Low Pass Filer)
(2) 高域通過フィルタ(High Pass Filter)
(3) 帯域通過フィルタ(Band Pass Filter)
(4) 帯域除去フィルタ(Band Elimination Filter)

これらのフィルタ機能での基本仕様は，

(1) 通過帯域
(2) 阻止帯域
(3) 通過帯域リプル
(4) 係数 Q
(5) 阻止帯域減推量

で定義されますが，一般的にはカットオフ周波数と次数で簡単に表現される場合もあります．

　カットオフ周波数は，通過帯域に対してゲインが－3 dBとなる周波数で定義しています．次数とは，フィルタの遮断特性(急峻にとか緩やかにとか)を決定する伝達係数です．原理上，1次につき6 dB/oct(周波数1オクターブごとに6 dB)の減衰特性を有しています．すなわち，急峻な減衰特性を得るには高次のフィルタを使います．

　A－Dコンバータのアンチエリアシング・フィルタ(後述)としては，2次(12 dB/oct)から3次(18 dB/oct)程度のものが一般的に用いられます．なお，フィルタ理論について詳細に説明すると，それだけで1冊の教科書になってしまうので，本章では基本的なことに限らせていただきます．

　フィルタの実際の構成においては，大別するとCRLなどの受動部品のみで構成するパッシブ・フィルタとOPアンプなどとの組み合わせによるアクティブ・フィルタがあります．

　また，その伝達(減衰)特性の種類から，

(1) バターワース(振幅平坦)
(2) ベッセル(位相直線)
(3) チェビシェフ

などの特性による種別があります．

　さらには，回路構成の方式からは，

(1) コントロール・ソース型(VCVS)
(2) 多重帰還型(MFB)
(3) バイクワッド型

などの種別があります．

　伝達特性と回路構成については，目的とするフィルタリングの要求仕様によって最適なものを選択することとなります．

　一般的には，これらフィルタ機能のうちアクティブ・フィルタの場合はゲインをもたせることができるので，ゲイン・スケーリングと兼ね合わせた回路構成がよく用いられています．

● 電流−電圧変換

　工業計測分野では，信号出力を電流で伝送する方式があります．一般的には4-20 mA伝送として知られています．電流伝送では電圧伝送と異なり，電圧変動に強いことがメリットで，信号ゼロが4 mA，フルスケールが20 mAと設定されているので，何らかの異常で伝送経路が切断されると，電流ゼロとなり，異常を検出しやすいというメリットもあります．

　もう一つの電流-電圧変換は，PINフォト・ダイオードでの信号検出回路です．フォト・ダイオードのアプリケーションは主に光信号検出ですが，光量に応じてフォト・ダイオードでは流れる電流が変化します．この電流をOPアンプ回路で電圧に変換するものです．

　図5 に示すのは，トランスインピーダンス回路によって電流-電圧変換を行うブロック図です．

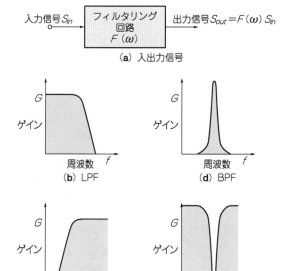

図4 フィルタリング回路の入出力信号と四つの基本特性

入力信号S_{in} → フィルタリング回路 $F(\omega)$ → 出力信号$S_{out} = F(\omega)S_{in}$

(a) 入出力信号

(b) LPF

(d) BPF

(c) HPF

(e) BEF

● アナログ演算

アナログ演算とは，信号の加算，減算，微分，積分など，アナログ領域で行う演算処理を意味しています．最も一般的なものは加算あるいは減算機能であり，いずれの場合も複数の信号入力に対する演算処理となります．**図6**では三つの入力信号に対する加算の例を示しています．

もちろん，現在のディジタル信号処理技術ではディジタル領域で実行するほうが誤差のない演算が可能ですが，ここではディジタル化するまえの段階，A-Dコンバータの入力側で処理しなければならない場合を示しています．

実際の加減算回路は，OPアンプを用いた反転増幅回路あるいは非反転増幅回路の組み合わせによるので，演算回路での総合誤差はゲイン・スケーリングと同様の誤差要因の総合になります．

● バッファリング

図7に示すバッファリング(buffering)の機能は，A-Dコンバータの信号入力端子に，入力信号源に影響されない安定した信号を供給することです．

通常，アナログ信号では，その信号源に出力インピーダンスR_{out}が存在します．一方，A-Dコンバータの入力端子はその種別によりR_{in}の入力インピーダンスが存在します．これらの関係が，

$$R_{out} \ll R_{in}$$

であれば，ほとんど無視できるのでかまいませんが，通常はR_{in}とR_{out}との比によって信号ロスが生じます．ここで，

R_{out}に比べて非常に大きなZ_{in}

R_{in}に比べて非常に小さなZ_{out}

をそれぞれ有するバッファリング回路を挿入すると，R_{out}，R_{in}の影響は無視できる範囲となり，信号ロスを最小限にすることができます．

このバッファリング回路は，実回路においてはOPアンプによる非反転増幅回路がよく用いられるため，OPアンプの特性が直接回路精度に影響することになります．したがって，使用するOPアンプの特性(オープンループ・ゲイン，入力インピーダンス，出力インピーダンス)については十分に検証しなければなりません．

● 信号変換

ここでの信号変換は，**図8**に示す伝送方式の変換を意味しています．信号伝送には，

(1) 平衡(バランス，差動)

(2) 不平衡(アンバランス，シングルエンド)

の2種類が存在しています．平衡，不平衡にはそれぞれの特徴がありますが，一般的には平衡伝送のほうが共通グラウンドの影響を受けないので高精度伝送に適しているとされています．

一方，A-Dコンバータもその精度や機能によってアナログ信号入力部の構成には平衡と不平衡

図5 トランスインピーダンス回路によって電流-電圧変換を行う

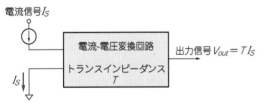

図6 アナログ信号を加算する回路の入出力信号

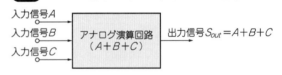

図7 バッファリング回路の機能は信号をロスなく伝えること

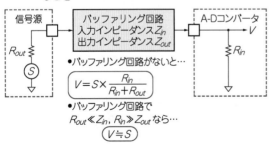

図8 伝送方式を変換する回路の入出力信号

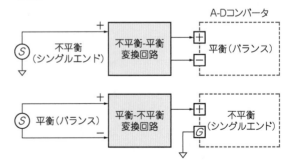

の2種類があります．

モデルによってはどちらにも対応できる構成となっているものもありますが，平衡または不平衡のいずれかしかない場合は，これらの変換回路が必要になります．すなわち，

(1) 平衡-不平衡変換
(2) 不平衡-平衡変換

となります．

なお，一般的な差動アンプ回路も一種の減算回路と言えますが，機能としては平衡-不平衡変換回路となり，ここでは信号変換回路として扱うこととします．

最近では，平衡入力-平衡出力のアンプ回路も多くありますが，これは信号変換というより，バッファリングに分類される機能となります．

信号変換の実回路では，前述のいくつかの信号処理と同様にOPアンプによる回路もしくは，差動アンプICによる回路が一般的に用いられます．したがって，総合誤差についても同様な要素のものになります．

産業/工業用で便利な絶縁アンプ　　　　　column

絶縁(isolation)アンプもアナログ信号処理において用いられるデバイスのひとつであり，「絶縁」という特殊な機能を有していることから医療，電力制御関係のアプリケーションでよく用いられています．

絶縁アンプの基本動作の概念を **図A** に示します．絶縁アンプの入力部の基準グラウンド電位は GND_1 であり，出力部の基準グラウンド電位は GND_2 となっています．通常のアンプでは GND_1 と GND_2 の電位差はほとんどありませんが，絶縁アンプでは GND_1 と GND_2 の電位差を許容できる構造となっています．つまり，両グラウンド間の電位差を許容できるということは，GND_1 と GND_2 との間が絶縁されていると定義することができます(絶縁電圧 V_{iso})．

アナログ信号(交流信号)の伝送ではゲインの有無をも含めて，アナログ信号に対しては通常のアンプとして動作します．絶縁アンプの特性(仕様)としては，一般的なアンプと同様に，

(1) オフセット誤差
(2) 入力換算雑音電圧
(3) 非直線性誤差
(4) ゲイン帯域幅積

といった特性(仕様)と同時に，絶縁アンプ特有の特性(仕様)が存在します．その特性は，

(5) 直流(DC)絶縁電圧
(6) 交流(AC)絶縁電圧

の2種類で，表現どおり，DC電圧あるいはAC電圧に対する両グラウンド間の許容電位差で定義しています．

また，仕様条件においては，

(7) 定格条件(恒常的な電位差)
(8) 瞬間条件(特定の時間に対する電位差)

などに留意します．

実際の絶縁アンプではモデルによって絶縁電圧は異なりますが，直流/交流ともに1000～3000Vといった高圧電位差(絶縁電圧)が規定されています．

すなわち，絶縁アンプの使用目的としては，

(1) 基準グラウンド・レベルの異なる回路間の信号伝送
(2) 高コモン電位上の微小信号の検出
(3) グラウンド・ループあるいはコモンモード・ノイズの影響を排除した信号伝送

などがあげられます．

具体的なアプリケーションとしては，たとえば1500V高圧送電線上に印加されている10V交流制御信号の検出などがあります．高圧送電での1500Vの電位は，絶縁アンプの入力側基準電位(GND_1)となります．この基準電位上の10V交流信号を絶縁アンプで伝送します．出力側の基準電位(GND_2)は一般的な制御機器と同じとすると，両基準電位間は1500Vもの電位差があるにもかかわらず信号のみを伝送できます．

心電計などの医療機器においては，機器がどのような不具合を起こしても決して人体に影響しないように(人体に危険な電気が加わらないように)，絶縁アンプを用いることもあります．

図A　絶縁アンプの基本機能

2-3 アナログ信号処理回路の基本はOPアンプ

特性仕様をよく理解して応用する必要がある

OPアンプ（オペアンプ）とは，Operational Amplifier（演算増幅器）の略称です．実際のアナログ信号処理回路は，ほとんどはOPアンプICを用いたものが中心となります．したがって，実際の回路設計においてはOPアンプICの理解が必要です．「アナログ技術の腕前の良し悪しはOPアンプの使いかたによって決まる」と言っても過言ではありません．

OPアンプの回路図シンボルと理想OPアンプとしての簡略等価回路を **図9** に示します．

● **OPアンプICのおもな仕様**

OPアンプICの誤差要因としては，静特性と動特性があります．

静特性はオフセット電圧に代表されるDC（直流）要素で，動特性はゲイン帯域幅積に代表されるAC（交流）要素です．扱うアナログ信号がDC信号かAC信号かでそれぞれ重要となるパラメータは異なってきますが，いずれの場合もOPアンプに対する基礎知識が必要となります．ここでは，OPアンプICを使用するうえでの基本的な仕様について簡単に説明します．

静特性の代表的なものとしては，

(1) オフセット電圧（offset voltage）
(2) オフセット電流（offset current）
(3) バイアス電流（bias current）
(4) オープンループ・ゲイン（open-loop gain）

があげられます．これらは反転増幅，非反転増幅いずれのアプリケーションについてもDC誤差を与えます．設計するシステムに要求される精度（許容誤差）によってはほとんど影響しない場合もありますが，設計に際しては必ずその影響について検証しておくことが必要です．

図10 に，DC誤差を理解するための理想OPアンプからのオフセット電圧（電流），バイアス電流の各要素を含んだ簡略等価回路を示します．

一方，動特性の代表的なものとしては，

(1) ゲイン帯域幅積
(2) スリュー・レート（slew rate）
(3) セトリング・タイム（settling time）
(4) THD（全高調波歪み，非直線性誤差）
(5) 入力換算雑音電圧/電流

があげられます．

次節以降で，個々の仕様について説明していきます．

図9 OPアンプの回路図記号と理想OPアンプの簡略等価回路

（**a**）OPアンプのシンボル

非反転入力
出力
反転入力

非反転入力，反転入力，出力の機能を有する

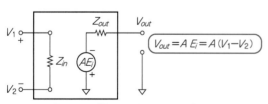

$$V_{out} = A E_i = A (V_1 - V_2)$$

（**b**）理想OPアンプとしての簡略等価回路と入出力特性

図10 理想OPアンプにオフセット電圧/電流とバイアス電流を加えた簡略等価回路

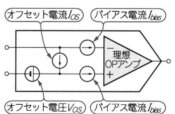

オフセット電流I_{OS}　バイアス電流I_{bias}

理想OPアンプ

オフセット電圧V_{OS}　バイアス電流I_{bias}

2-4 OPアンプのおもな静特性

ゲイン誤差や出力誤差につながる

● オフセット電圧の影響

　オフセット電圧V_{OS}の定義は，非反転入力端子(+)と反転入力端子(−)の両入力間の理想電圧差(0 V)からの実際の誤差のことです．DC増幅回路では，このオフセット電圧V_{OS}も回路ゲインがGであればそのぶん増幅されます．

　オフセット電圧は多くの場合，コモン電圧(バイポーラではGNDレベル＝0 V)からのDC誤差となるので，OPアンプICの選択時に低オフセット電圧のものを選択する対処法と，オフセット調整を付加する対処法があります．

　また，オフセット電圧は一般的には規定温度(ほとんどの場合＋25℃)での値を示しており，周囲の温度変化によりドリフト(drift)が発生します．高精度を特長としているOPアンプICでは，オフセット電圧の温度ドリフト特性も規定されています．

　図11に，シンプルな反転増幅回路，非反転増幅回路でのオフセット電圧の影響を示します．反転増幅回路においても，オフセット電圧は非反転回路と同じ$1 + (R_2/R_1)$倍されて出力誤差となります．

● バイアス電流の影響

　図12に示すとおり，OPアンプICの入力部は，バイポーラ型ではトランジスタのベース，FET型ではFETのゲートとなります．いずれの場合も差動入力で，両入力部に流れる電流はゼロではなく，微小ながら入力あるいは出力での動作電流が流れます．これをバイアス電流I_{bias}で定義しています．

　このバイアス電流は，構成された回路で抵抗Rが電流の流れるループ内にあれば，

$$V_{Ib} = RI_{bias}$$

の誤差電圧V_{Ib}を生じさせます．

　図13に，反転増幅回路でのバイアス電流の影響による出力誤差を示します．一般的にはバイポーラ型入力のOPアンプよりFET入力のOPアンプのほうが低バイアス電流であり，特に微小電流から電圧に変換する用途においては低バイアス電流特性を有するOPアンプICも存在しています．

　いずれにしろ，バイアス電流もオフセット電圧と同様に仕様，温度ドリフト，回路への影響について検証する必要があります．

● オフセット電流の影響

　オフセット電流I_{OS}は，前述のバイアス電流の

図11 反転/非反転増幅回路でのオフセット電圧の影響

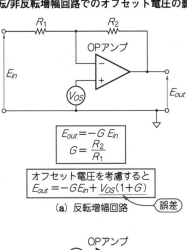

$$E_{out} = -G\,E_{in}$$
$$G = \frac{R_2}{R_1}$$

オフセット電圧を考慮すると
$$E_{out} = -G E_{in} + V_{OS}(1+G)$$
（誤差）

(a) 反転増幅回路

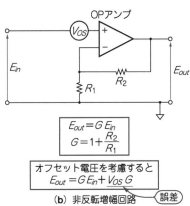

$$E_{out} = G\,E_{in}$$
$$G = 1 + \frac{R_2}{R_1}$$

オフセット電圧を考慮すると
$$E_{out} = G E_{in} + V_{OS}\,G$$
（誤差）

(b) 非反転増幅回路

図12 OPアンプの入力部の構成

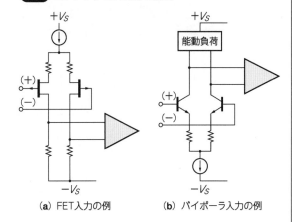

(a) FET入力の例　　　**(b)** バイポーラ入力の例

差動入力間での差異で定義しています.

すなわち，オフセット電流I_{OS}は，

$$I_{OS} = |(I_{bias+}) - (I_{bias-})|$$

I_{bias+}：＋側バイアス電流

I_{bias-}：－側バイアス電流

となります.

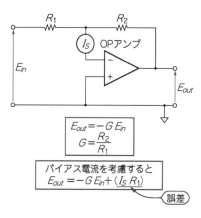

図13 反転増幅回路でのバイアス電流の影響による出力誤差

$$E_{out} = -G\,E_{in}$$
$$G = \frac{R_2}{R_1}$$

バイアス電流を考慮すると
$$E_{out} = -G\,E_{in} + (I_S\,R_1)$$
誤差

オフセット電流の影響は，差動両入力に接続されている抵抗値によって異なります．回路構成によってはほとんど影響しない場合もあります.

● **オープンループ・ゲインの影響**

OPアンプの増幅機能の動作は，**図9**で示した理想OPアンプのゲインAが無限大(∞)であることを前提にしていますが，実際にはこのゲインAは有限であり，この有限ゲインが回路ゲインに誤差ε_Gを与えます.

DC領域のゲインは80〜100 dBあるのが一般的ですが，今まで示した反転，非反転いずれの増幅回路でも設計ゲインが40〜60 dB以上と高い場合は，ゲイン式どおりのゲインを得ることができなくなります.

ゲイン誤差ε_Gは，

$$\varepsilon_G = \frac{1}{1 + (G_D/G_O)}$$

G_D：設計ゲイン

G_O：実際のオープンループ・ゲイン

で求められます.

FETとバイポーラの温度特性 column

OPアンプの入力回路は通常，初段差動回路が入力となり，この初段入力部のデバイスはFETもしくはバイポーラ・トランジスタとなっています．FETとバイポーラでは，そのプロセス構造上のバイアス電流温度特性がそれぞれ存在します.

バイポーラの場合は，一般的にマイナス(−)係数となり，FETではプラス(＋)係数となります.

バイポーラ入力のバイアス電流I_bの温度特性は，

$$dI_b/dT = C \cdot I_b$$
$$C = -0.005/℃\,(T > +25\,℃)$$
$$C = -0.015/℃\,(T < +25\,℃)$$

の一般式で求められます．**図B**にバイポーラ入力OPアンプのバイアス電流温度特性グラフ例を示します.

一方，FET入力のバイアス電流I_bの温度特性は，＋25℃でのバイアス電流をI_{bo}とすると，

$$I_b/I_{bo} = 2^{(T1 - To)/10}$$

の一般式で求められます．**図C**にFET入力OPアンプでのバイアス電流温度特性グラフ例を示します.

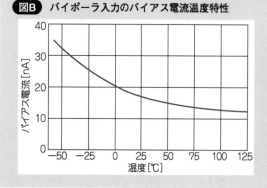

図B バイポーラ入力のバイアス電流温度特性

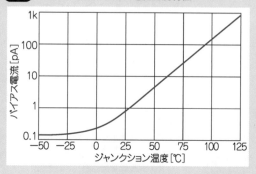

図C FET入力のバイアス電流温度特性

2-5

ノイズや歪み，変換時間に影響する

OPアンプのおもな動特性

● ゲイン帯域幅積

これは前述のオープンループ・ゲインと直接関係する仕様で，言葉のとおり，ゲイン×帯域幅の特性です．**図14**に実際のOPアンプのゲイン帯域幅特性グラフの例を示します．

通常，OPアンプは80～100 dBのDC帯域でのオープンループ・ゲインを有していますが，このオープンループ・ゲインは周波数特性をもっており，あるコーナ周波数から−6 dB/octでゲインは低下していき，ある周波数で$G = 1$（0 dB）となります．この$G = 1$となる周波数をゲイン帯域幅積GBWで定義しており，単位は周波数［Hz］で，$GBW = x$ MHzと表示されます．

OPアンプのデータシートには必ずこの特性図が記載されています．ダイナミックな信号を扱う場合は，このGBWが扱える信号周波数の最大周波数の目安になります．また，RF（高周波）信号まで対応したOPアンプICも多くあり，これらは高速OPアンプ，高GBW OPアンプなどで分類されています．

また，位相特性も併記しているものが一般的です．この位相特性は，閉ループでの設定ゲインにおいて入出力間の位相が何度となっているかを表しています．この位相が−180°となると正帰還と同じになり回路が発振してしまいます．通常，$G = 1$となる周波数での実際の位相が180°に対してどの程度余裕があるかを位相余裕（phase margin）で定義しています．

位相余裕は実設計条件で45°以上あることが好ましいのですが，何度まで許容できるかは当該アプリケーションによって異なります．また，帰還ループ内に小容量コンデンサを接続する位相補償を組み合わせて改善することも可能です．

● スリュー・レート

スリュー・レート（slew rate）は，高い周波数の正弦波，あるいはパルス波形や矩形波系の信号に対する応答性を表す仕様です．**図15**に示すとおり，単位時間あたりに応答可能な振幅電圧を示しており，通常，1マイクロ秒における応答可能振幅で定義され，［V/μs］が単位になります．

スリュー・レートは，基本的にはゲイン帯域幅積に依存しますが，ステップ応答の電圧振幅，回路ゲインの条件が規定されています．パルス波形のような急峻な波形，ステップ応答性はスリュー・レートがパラメータとなります．

● セトリング・タイム

図16にセトリング・タイム（settling time）の概念を示します．

図15 スリュー・レートは単位時間あたりに応答可能な振幅電圧を示す

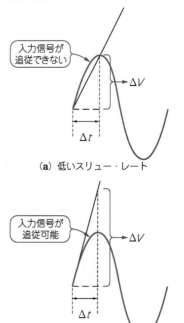

（a）低いスリュー・レート

（b）高いスリュー・レート

図14 実際のOPアンプのゲイン帯域幅特性グラフ
ゲインが1になる周波数は約100 MHzで，そのときの位相余裕が約60°あることがわかる

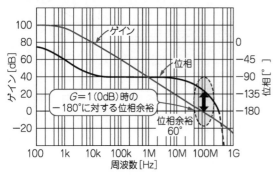

セトリング・タイムはスリュー・レートにも関係します．ステップ応答の速さがスリュー・レートなのは前述のとおりですが，ステップ応答は所定の値に安定するまでにリンギングが発生します．すなわち，セトリング・タイムは，ステップ応答において所定の出力値に収束/安定するまでの時間で定義されます．

ここで，収束/安定の条件として，所定の出力値に対して，その値の何％内という許容範囲が併記されます．たとえば，1％とか0.01％という条件です．したがって，セトリング・タイムを判断するときには，その条件についても確認しなければなりません．

セトリング・タイムの仕様はA−D変換を含むアナログ信号処理において，変換タイミング（変換時間，変換レート）に直接影響します．すなわち，入力信号に対して出力信号がまだ遷移中に変換がスタートすると，遷移中の不確実な値を変換してしまい，正しい値の信号を変換できないことになります．

● *THD*（非直線性）

*THD*特性は全高調波歪みのことで，おもにオーディオ・アプリケーションで用いられる重要なパラメータです．通常は，ノイズ特性を加味した*THD* + *N*（全高調波歪み + 雑音）として定義されます．単位は［％］または［dB］となります．

THD + *N*特性の規定（仕様）は，FFT解析によるスペクトラム表示のものと全高調波 + ノイズの実効値のものがあります．いずれにしろ，*THD*特性はデバイスの非直線性によって発生する特性です．

図17 に，オーディオ用OPアンプによる*THD* + *N*特性の例を示します．*THD* + *N*特性は回路ゲインでも異なるので，仕様においては回路ゲイン条件も併記されます．また，信号周波数，信号レベルに対するパラメータも存在します．

● 入力換算雑音

入力換算雑音には電圧雑音と電流雑音があります．また，対周波数においてはショット雑音（ホワイト・ノイズ）と$1/f$ノイズがあります．このため，雑音の仕様は電圧，電流とともに，

(1) 雑音スペクトラム密度［V/$\sqrt{\mathrm{Hz}}$］
(2) 雑音実効値［$\mathrm{V_{RMS}}$］

で規定されています．

図18 に，OPアンプの入力換算雑音電圧特性グラフの例を示します．

アナログ回路における入力換算雑音電圧に対する回路ゲインは，一般的にノイズ・ゲインとして定義されており，反転増幅，非反転増幅ともに入

図16 セトリング・タイムの考えかた

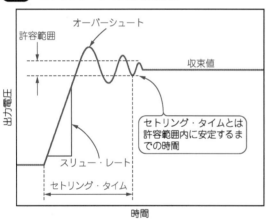

図17 オーディオ用OPアンプの *THD* + *N* 特性の例

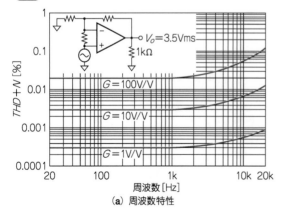

(a) 周波数特性

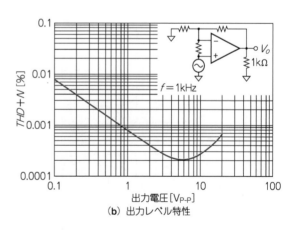

(b) 出力レベル特性

力雑音電圧V_Nはノイズ・ゲインG_N倍されて出力雑音V_{No}となります．すなわち，

$$V_{No} = G_N V_N \quad \cdots\cdots\cdots\cdots\cdots\cdots (3)$$

$$G_N = 1 + \frac{R_2}{R_1} \quad \cdots\cdots\cdots\cdots\cdots (4)$$

となります．当然，回路ゲインが大きい場合はノイズ・ゲインも大きくなるので，低ノイズ特性のデバイスが求められます．

一方，入力換算雑音電流I_Nは，入力信号源抵抗R_Sによって電圧ノイズE_{out}となります．すなわち，

$$E_{out} = R_S I_N \quad \cdots\cdots\cdots\cdots\cdots\cdots (5)$$

となります．したがって，対ノイズ性能に着目すると信号源抵抗R_Sは小さいほうが有利となります．OPアンプの仕様では，電流ノイズが信号源抵抗R_Sによって電圧変換されたノイズと電圧ノイズの総合特性を，グラフで示しているものがありますので参考となります．

反転増幅，非反転増幅回路での総合雑音出力E_{No}は，電圧雑音V_{No}と電流雑音E_{out}との総合，

$$E_{No} = \sqrt{V_{No}^2 + E_{out}^2} \quad \cdots\cdots\cdots\cdots (6)$$

で求めることができます．

図19に反転/非反転増幅回路での雑音モデルを示します．より精密なノイズ解析（計算）では，抵抗器の熱雑音や対周波数雑音特性を加味する必要があります．

$1/f$ノイズ，ショット・ノイズともに，仕様で規定されている雑音スペクトラム密度［V/√Hz］の値を実効値（RMS）にするには，次の手順で行います．ここでは，図18を例にとることにします．

まず，特性グラフ上で作図的にコーナ周波数f_C（$1/f$ノイズを直線としてショット・ノイズとの交点）を求めます．

$1/f$ノイズの場合は，グラフ上の最低周波数f_LでのノイズN_1から-10 dB/decでの傾斜を数式化して，$1/f$ノイズ実効値（10 Hz～1 kHz）N_fは，

$$N_f = N_1 \sqrt{\ln(f_C/f_L)} \quad \cdots\cdots\cdots\cdots (7)$$
$$= 22\,\text{nV} \times \sqrt{\ln(1000/10)}$$
$$= 22^{-9} \times \sqrt{4.605} \fallingdotseq 47\,\text{nV}_{RMS}$$

で求めることができます．

ショット雑音N_Sは，コーナ周波数f_Cでの雑音スペクトラム密度N_2を基本に，f_Cから帯域上限周波数f_Mまでとして，雑音実効値N_Rは次式で求めることができます．

$$N_R = N_2 \sqrt{f_M - f_C} \quad \cdots\cdots\cdots\cdots\cdots (8)$$

ここで，$N_2 = 2.2\,\text{nV}/\sqrt{\text{Hz}}$，$f_M = 100\,\text{kHz}$とすれば，

$$N_R = 2.2\,\text{nV} \times \sqrt{100\,\text{kHz} - 1\,\text{kHz}}$$
$$= 2.2^{-9} \times \sqrt{99000} \fallingdotseq 690\,\text{nV}_{RMS}$$

と求まります．

図18 OPアンプの入力換算雑音電圧特性グラフの例

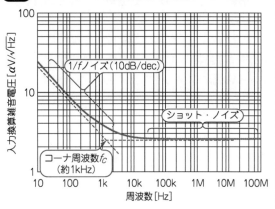

図19 反転/非反転増幅回路での雑音モデル

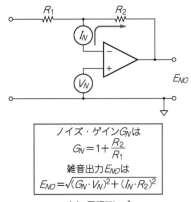

（a）反転アンプ

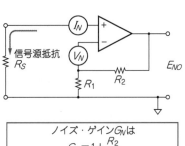

（b）非反転アンプ

第**3**章

ゲイン・スケーリングから信号変換まで

アナログ信号処理回路の設計例

第2章では，A-DコンバータICの前に置くアナログ信号処理回路の概要について解説しました．ここでは，それぞれのアナログ信号処理回路について，実例を紹介していきます．

3-1 OPアンプや計測アンプを使った ゲイン・スケーリング回路

● OPアンプによるゲイン・スケーリング回路

ゲイン・スケーリング回路として最も一般的なものは，OPアンプによる反転/非反転増幅回路です．

回路のゲイン G は，入力側抵抗 R_1 と帰還抵抗 R_2 との比で決定されます．

すなわち，ゲイン G に関しては抵抗器の誤差 e_R が直接影響します．入力側，帰還側それぞれの各抵抗器の誤差が1％とすれば，総合誤差 ε_t は，

$$\varepsilon_t = \sqrt{e_{R1}{}^2 + e_{R2}{}^2} \cdots\cdots\cdots\cdots\cdots\cdots (1)$$
$$= \sqrt{1\% + 1\%} = \sqrt{2\%}$$
$$\fallingdotseq 1.4\%$$

となります．設計ゲインが高い場合（100倍以上のとき）は，オフセット電圧とバイアス電流，有限ゲインに対する誤差の検証が必要です．

図1 は，OPA637BP（テキサス・インスツルメンツ）を使用した増幅率100倍（$G = 40$ dB）のゲイン・スケーリング回路の例です．

電源電圧は ± 15 V で，電源端子とグラウンド間には最短距離で電源バイパス・コンデンサ（C_3, C_4）を必ず接続します．使用するコンデンサの種類は，アルミ電解コンデンサまたはタンタル・コンデンサ，容量は1 μF ～ 10 μF程度とします．

● 計測アンプによるゲイン・スケーリング回路

図2 に AD8253（アナログ・デバイセズ）を使った，ゲイン可変機能付き計測アンプ（差動アンプ）の設計例を示します．

AD8253では，差動ゲインを決定する初段ゲイン・アンプ部の抵抗が抵抗ネットワーク化されて

図1 増幅率100倍のゲイン・スケーリング回路の例

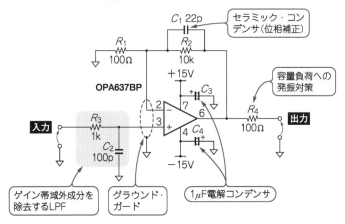

おり，外部からの制御信号（A0とA1）で必要なゲインを設定できます．AD8253ではいくつかのゲイン設定法がありますが，ここではトランスペアレント・モードで使用します．ゲインは1，10，100，1000倍を図中の表に示したロジックで設定できます．

REF端子は，入出力電圧のコモン電位を設定します．GND（0 V）中心ならGNDに接続します．電源は±15 Vで，電源ピンには0.1 μFの積層セラミック・コンデンサを最短距離で接続し，10 μFの電解コンデンサまたはタンタル・コンデンサを並列接続します．

図2 ゲイン可変機能付き計測アンプによるゲイン・スケーリング回路の例

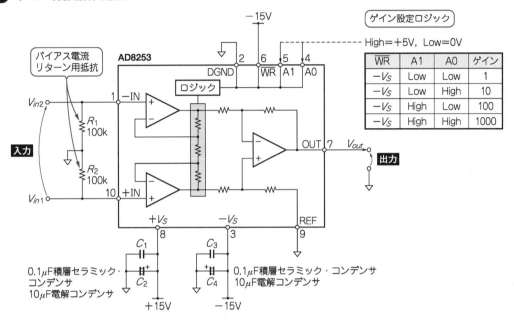

ゲイン設定ロジック

High=+5V, Low=0V

$\overline{WR}$	A1	A0	ゲイン
$-V_S$	Low	Low	1
$-V_S$	Low	High	10
$-V_S$	High	Low	100
$-V_S$	High	High	1000

有限ゲインの影響を検証する

column

OPアンプは第2章で解説したとおり，理想OPアンプ（ゲイン無限大）に対して，実際には有限のオープンループ・ゲインを有しています．したがって，設計ゲインが大きく，かつ使用するOPアンプのオープンループ・ゲインが比較的高くない場合は，その影響が無視できない範囲になります．

OPアンプ回路の実際のゲインG_Rは，設計ゲインをG，OPアンプのオープンループ・ゲインをA_Vとすれば，下記の式で表せます．

▶ 反転アンプの場合

$$G_R = \frac{G}{1+\frac{1+G}{A_V}}$$

▶ 非反転アンプの場合

$$G_R = \frac{G}{1+\frac{G}{A_V}}$$

ここで，非反転アンプでの実際のゲインの計算例を示します．$G = 100(40\,dB)$，$A_V = 10000(80\,dB)$とすれば，

$$G_R = \frac{100}{1+0.01} \fallingdotseq 99$$

となり，設計ゲインGに対して実質ゲインG_Rは約1%小さくなります．

また，$G = 1000$，$A_V = 10000(80\,dB)$とすれば，

$$G_R = \frac{1000}{1+0.1} \fallingdotseq 909.1$$

となり，設計ゲインGに対して実質ゲインG_Rは約10%小さくなります．

この計算によるOPアンプの有限ゲインA_VはDC領域のものなので，AC信号に対しては，OPアンプのオープンループ・ゲイン周波数特性により，その信号周波数でのゲインが適用されます．

3-2 設計ソフトウェアで定数を決定した フィルタリング回路

フィルタ回路の機能としては前述のとおり，ローパス，ハイパス，バンドパス，バンドリジェクトの4種類があり，かつ要求仕様によってカットオフ周波数と必要次数(減衰特性)は異なります．

ここではダイナミック信号を扱う場合にアンチエリアシング・フィルタとして一般的に用いられる2次MFB(多重帰還)型LPFでの設計例を示します．

フィルタ設計にはいろいろな手法がありますが，簡単な設計方法としては設計シミュレーションや設計ソフトウェアを活用するのが便利です．

図3に，テキサス・インスツルメンツ社から供給されているアクティブ・フィルタ設計ソフトウェア "FilterPro" の設計画面を示します．

次数，カットオフ周波数，パスバンド(LPF，BPFなど)，フィルタ・タイプ(バターワース，チェビシェフなど)，正規化抵抗，抵抗とコンデンサのEシリーズを設定すると自動的に回路と定数を表示し，同時にゲイン，位相，群遅延特性をグラフ表示してくれます．

ここでは，

　　機能：ローパス・フィルタ

　　回路タイプ：MFB型

　　フィルタ・タイプ：バターワース

　　次数(Pole)：2次

　　カットオフ周波数：200 kHz

　　抵抗：E24シリーズ

　　コンデンサ：E12シリーズ

を設定しています．

図4に，設計ソフトウェアで作成された回路の前段に反転アンプ($G = 1$)を組み合わせた回路例を示します．MFB型フィルタでは位相が反転するため，前段に反転アンプを追加して総合での位相を正相にしています．

図3 アクティブ・フィルタ設計ソフトウェア "FilterPro" の設計画面
フィルタのタイプや次数，カットオフ周波数などを設定すると回路図と部品定数，および特性グラフを表示してくれる

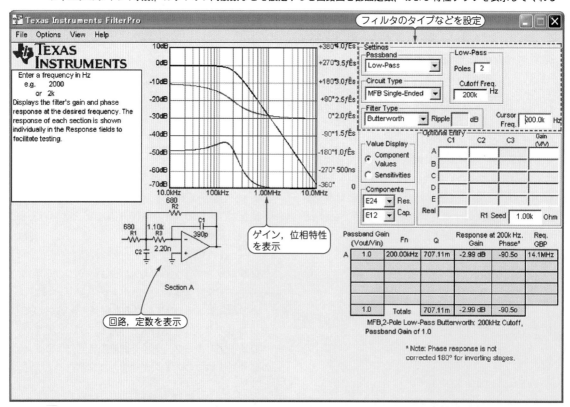

図4 設計ソフトウェアで作成された回路の前段に反転アンプを組み合わせた回路例

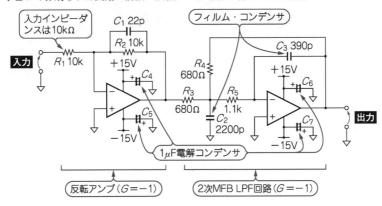

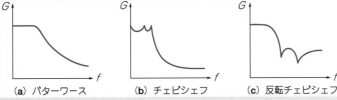
反転アンプ（G＝−1）

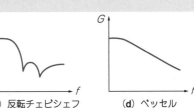
2次MFB LPF回路（G＝−1）

フィルタ特性の特徴 *column*

フィルタ回路においては次数，カットオフ周波数といった基本特性がすべてに共通な基本仕様ですが，その周波数特性と位相特性はフィルタの伝達特性の種別によって異なります．

第2章でフィルタ特性（タイプ）について解説しましたが，ここではもう少し詳しく解説します．

フィルタの伝達特性による種別には，下記のようなものがあります．

(1) バターワース（Butterworth）
(2) チェビシェフ（Chebyshev）
(3) 反転チェビシェフ（Inverse Chebyshev）
(4) ベッセル（Bessel）

当該アプリケーションに要求される特性によって，これらのなかから最適な伝達特性を選択する必要があります（**図A**）．

▶バターワース
利点：
帯域内での振幅周波数特性が最も平坦であり，総合的にまとまった特性となっている．
パルス応答性はチェビシェフより良好である．
ベッセルより良好な減衰特性を示す．
欠点：
オーバーシュート，リンキング応答特性をもつ．

▶チェビシェフ
利点：
パス・バンドを越えた帯域での減衰特性はバターワースより良好である．
欠点：
通過帯域内でのリプル特性がある（周波数特性がフラットでない）．
バターワースよりもオーバーシュート，リンキング応答特性が良くない．

▶反転チェビシェフ
利点：
通過帯域内での周波数特性がフラットであり，トランジェント領域での減衰特性が良好である．
欠点：
阻止帯域でのリプルが大きく，オーバーシュート，リンキング応答特性をもつ．

▶ベッセル
利点：
最良のステップ応答特性（オーバーシュート，リンキング応答特性が最小）を示す．
欠点：
通過帯域を越えた周波数帯域での減衰特性はバターワースよりも劣る．

図A フィルタ・タイプによる周波数特性の違い

(a) バターワース　　(b) チェビシェフ　　(c) 反転チェビシェフ　　(d) ベッセル

3-3

フォト・ダイオードの光電流を電圧に変換する
電流-電圧変換回路

図5 に，電流-電圧変換の代表的な例として，フォト・ダイオードの光電流を電圧に変換する回路を示します．

電流-電圧変換でのトランスインピーダンス特性は，入力電流 I_P に対して，帰還抵抗を R_F とすると出力電圧 V_{out} は，

$$V_{out} = I_P R_F \cdots\cdots\cdots\cdots\cdots\cdots\cdots\cdots\cdots (2)$$

で求められます．

フォト・ダイオードの場合は信号電流が極めて小さいため，OPアンプのバイアス電流の影響が大きくなるので，OPアンプの選択では低バイアス電流特性のものを選ぶ必要があります．

ここでは，テキサス・インスツルメンツ社のOPA129（バイアス電流 $I_{bias} = 100\,\text{fA}$）を用いています．両入力端子は，OPアンプのサブストレート端子（8ピン）をグラウンド（GND）に接続してシールドする必要があります．

R_F に並列接続されている C_F はゲイン・ピーキング補正用で，1 pFの小容量セラミック・コンデンサです．

図5 フォト・ダイオードの光電流を電圧に変換する回路例

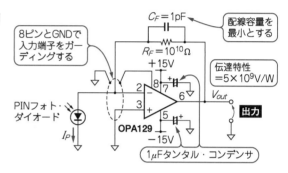

3-4

汎用OPアンプを使った4入力の加減算回路
アナログ演算回路

図6 は，汎用OPアンプを用いた簡単なゲイン $G = 1$ のアナログ加算/減算回路です．

入力側の抵抗 R_1，R_2，R_3，R_4 はすべて同じ値（精度）とします．また，帰還側の2本の抵抗 R_5 と R_6 も同じ値とし，回路ゲイン G は，

$$G = \frac{R_5}{R_1}\left(= \frac{R_6}{R_3} \right) \cdots\cdots\cdots\cdots\cdots\cdots (3)$$

となります．

入力信号 E_1，E_2 は加算され，入力信号 E_3，E_4 は減算されます．最終的に，出力信号 V_{out} は，

$$V_{out} = E_1 + E_2 - E_3 - E_4$$

で求められます．

加算/減算信号数は増やすことが可能ですが，加算側，減算側ともに同じ信号数とします．

図6 汎用OPアンプを用いた簡単なアナログ加算/減算回路

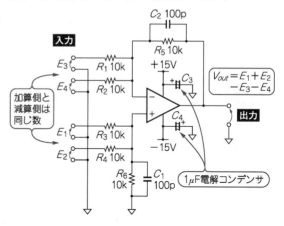

3-5

ボルテージ・フォロワ回路を利用した
バッファリング回路

図7 に汎用OPアンプによるバッファリング回路の例を示します．100％帰還（ユニティ・ゲイン）のシンプルな回路ですが，OPアンプのゲイン帯域幅と位相特性は選択時に確認する必要があ

ります．

OPアンプのモデルによっては，ユニティ・ゲインでの安定を保証していないものもあるので，確認しなければなりません．

図7 汎用OPアンプによるバッファリング回路の例

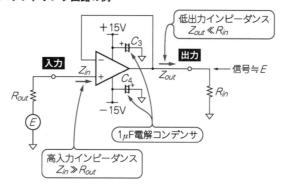

3-6

シングルエンド信号を差動信号に変換する
信号変換回路

図8 は，OPアンプによってシングルエンド信号を差動（バランス）信号に変換する回路例です．

A-DコンバータICの信号入力形式はシングルエンド，差動（バランス）のどちらも対応しているものもありますが，その内部構成上の理由によって差動（バランス）信号のみに対応するモデルがあ

ります．

入力信号がシングルエンドであり，A-Dコンバータに差動（バランス）信号の供給が必要な場合は，この回路によってシングルエンド-差動信号変換が可能です．

図8 シングルエンド信号を差動信号に変換する回路例

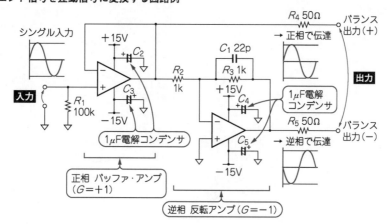

第**4**章
仕様と特性を理解して正しく使用するために

A-DコンバータICの基礎知識

ここでやっとA-Dコンバータの登場です．というのも，A-D変換においては，A-DコンバータICを上手に使えば仕様で規定している精度で動作させることができますが，A-Dコンバータに入力されるまえにアナログ信号がそれに応じた精度を有しているという前提での話になります．この前提を確実にするための基本知識について，あえて第1章から第3章までで解説しました．

A-Dコンバータはほぼすべて，その専門企業（外資系が多い）で開発，製造，販売されている半導体ICです．したがって，設計者はA-Dコンバータを設計する必要はありませんが，A-Dコンバータの基本，すなわち，その仕様，動作，アーキテクチャなどに精通しておかなければなりません．本章では，A-Dコンバータの基本的な仕様や特性について解説します．

4-1
A-Dコンバータの基本性能
分解能と変換スピード

●分解能と変換スピード

図1は，A-Dコンバータの基本性能である分解能と変換スピード（変換レート）のマトリクスと主要アプリケーションを示したものです．

アプリケーションによって求められるA-Dコンバータの仕様（分解能，変換速度以外にもチャネル数，動作電圧，消費電力など）が異なるのは当然ですが，分解能と変換スピードの二つが基本性能を表す重要なパラメータとなります．

図2に，実際のA-DコンバータICでの分解能と変換スピードのマトリクス表を示します．この図では，縦軸に分解能（N［ビット］），横軸に変換スピード（サンプリング・レート［Hz］）を規定し，いくつかのリニア半導体企業から販売されているデバイスを抜き出して記載しています．消費電力，入力チャネル数の違いもあるため単純比較はできませんが，傾向的なものはこの図から見てとれます．

図1 分解能/変換スピードとアプリケーションの関係

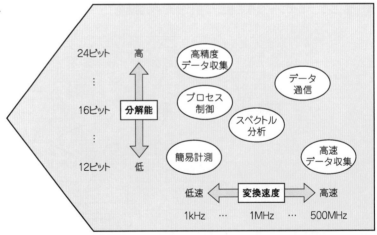

▶分解能

A‐Dコンバータの分解能(resolution)は，ほぼそのまま量子化理論での精度を決定します．理論量子化誤差は，フルスケールに対するパーセント表示または，理論ダイナミック・レンジ(DR)で表されます．

これは単純計算では下式で示されます．

$$DR \, [\mathrm{dB}] = 6N \quad \cdots\cdots\cdots\cdots\cdots\cdots\cdots\cdots\cdots\cdots (1)$$

N：分解能［ビット］

ここで重要なのは，現在のA‐Dコンバータ IC は分解能相応の精度を有していますが，分解能＝精度ではないことです．これは後述する精度の項目で詳しく解説しますが，精度についても静特性，動特性があり，その定義，表現法(単位)もいくつかの種類があるので単純に判断はできません．

分解能は，設計システムで要求される仕様に対して適応可否を判断する目安としては有効です．

現在の技術動向としては，

　　12ビット：汎用

　　13～15ビット：中分解能

　　16～24ビット：高分解能

と扱うケースが多いようです．

▶変換スピード

変換スピードもA‐D変換における重要な要素(仕様)となります．A‐D変換システムに要求される変換速度は，アプリケーションによって秒単位でも許容できるものからナノ秒単位での高速が要求されるものまで広範囲です．

仕様としては，

　　変換時間［秒］

　　サンプリング・レート［Hz］

で表される時間または周波数のいずれかが使われています．また，スループット・レートなどで表現されている場合もあります．

マイクロ秒～ナノ秒単位の高速のものは，時間よりもサンプリング・レート1 MHz，10 MHzと表記したほうが感覚的に馴染みやすいことにもよりますが，動作中，常時サンプリング(A‐D変換)を繰り返して実行するアプリケーションではサンプリング・レート，変換コマンドで単発的にA‐D変換を実行するアプリケーションでは変換時間で表記することが多いかもしれません．

● 伝達特性

A‐Dコンバータの基本機能であるAnalog to

図2 A‐DコンバータICでの分解能と変換スピード

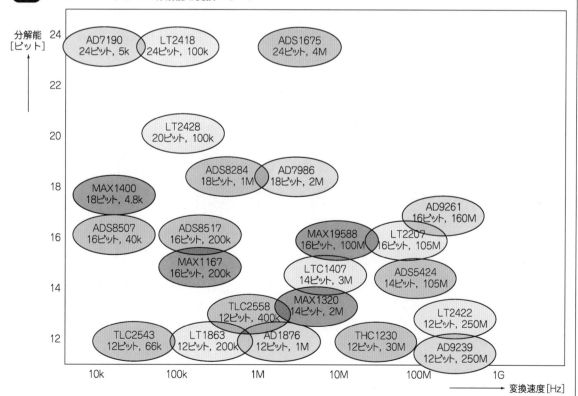

Digital変換の伝達特性を **図3** に示します.

同図は，アナログ・デバイセズ社の18ビットA-DコンバータAD7690における±5Vのバイポーラ入力信号に対する18ビット分解能での例です．アナログの入力信号の正負それぞれの最大値を±FSRと表示しています．1LSBの重みは分解能で決定されます．つまり，1LSBのデータは±0.5LSBの量子化誤差を含んでいます.

この伝達特性で注目すべきは，プラス側でのアナログ入力とディジタル出力との関係です．アナログ入力の＋FSR値は，ディジタル出力では＋FSR－1LSBとなります．これは，アナログ入力に対するディジタル出力の遷移ポイントの関係からA-D変換での動作理論上定義されているもので，データの遷移ポイントで表すと＋FSR－1.5LSBとなります.

また，最近のモデルにおいては－FSR側の遷移ポイントを－FSR＋1LSBとして，プラス側の遷移ポイントも＋FSR－1LSBとしているものもあります.

伝達特性において，アナログ入力値0V＝ディジタル値0（ゼロ）からの振幅誤差をオフセット誤差で定義しています．また，アナログ入力のフルスケール値（たとえば0～5V，±10Vなど）からの実際のフルスケールからの誤差をゲイン誤差で定義しています（4-2節参照）.

● **量子化誤差**

量子化誤差についてもう少し詳しく説明します.

A-D変換では，その有限の分解能による量子化誤差を含みますが，その表現方法が静特性（対DC信号）と動特性（対AC信号）のそれぞれで異なります.

図3 A-D変換の伝達特性
±5Vのバイポーラ入力信号に対する18ビット分解能での例

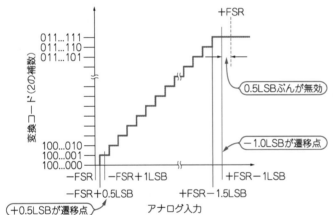

記 述	アナログ入力値 （$V_{ref}=5V$）	ディジタル出力 （16進数）
FSR－1LSB	+4.999962V	0x1FFFF
中央値＋1LSB	+38.15μV	0x00001
中央値	0V	0x00000
中央値－1LSB	−38.15μV	0x3FFFF
−FSR＋1LSB	−4.999962V	0x20001
−FSR	−5V	0x20000

図4 A-D変換の伝達特性とディジタル信号のもつアナログ入力値に対する誤差（分解能：3ビット）

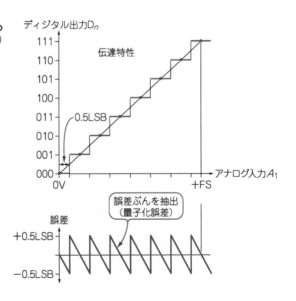

図4は，3ビットA-D変換での伝達特性とディジタル信号のもつアナログ入力値に対する誤差（量子化誤差）をグラフ化したものです．最大誤差は±0.5 LSBで，アナログ入力は0 V〜+ FSRまでのDC信号（静特性）で表現されています．1 LSBの値は第1章の式(2)で示したとおりです．

すなわち，対DC信号においては量子化誤差もDC値（振幅）として表されます．

一方，オーディオやビデオなどに代表されるAC信号には，動特性としての量子化雑音という捉えかたが必要になります．一般的に基準信号として用いられるサイン波の場合，周波数（時間軸）要素が加わり，振幅表現ではピーク値，実効値，平均値といった単位が存在しています．

図5は，サイン波に対する量子化誤差を示したもので，サイン波の振幅の最大傾斜（立ち上がり）部分と最小傾斜（ピーク付近）部分では量子化誤差量が異なります．AC信号では，信号対雑音比（S/N値），ダイナミック・レンジといった動特性パラメータが用いられるため，量子化雑音も実効値成分として扱う必要があります．

アナログ入力の最大値をE_{sig}とすれば，量子化誤差実効値E_{Qrms}は，量子化誤差振幅vに対して確率密度との関係で計算でき，

$$E_{Qrms} = \left[\int_{-\frac{q}{2}}^{\frac{q}{2}} v^2 \frac{1}{q} \, dv \right]^{\frac{1}{2}} = \left[\frac{q^2}{12} \right]^{\frac{1}{2}}$$

q：1 LSB振幅

で表すことができます．

この量子化雑音実効値E_{Qrms}に対して，nビットのクリップしないアナログ最大信号（サイン波）は$2^n \times q$のピーク・ツー・ピークの振幅をもっており，これを実効値E_{Srms}として求めると，

$$E_{Srms} = \frac{2^{n-1}q}{\sqrt{2}}$$

となります．

ここで，信号と量子化雑音との比をS/N（信号と雑音との比）または，ダイナミック・レンジ（動信号として捉えた表現できる信号の最大値と最小値との比）として表すことができます．

いずれにしろ，$S/N(SNR)$もしくはダイナミック・レンジ(DR)は，

$$SNR = DR = \frac{E_{Srms}}{E_{Qrms}}$$

で求めることができ，これをdB換算すると，

$$DR \, [\mathrm{dB}] = 20 \log \left\{ \frac{2^{n-1}q/\sqrt{2}}{q/\sqrt{12}} \right\}$$
$$= 6.02 \times n + 1.76 \, [\mathrm{dB}] \cdots\cdots\cdots (4)$$

として求めることができます．

たとえば，オーディオCDでは周知のとおり$n = 16$（ビット）ですから，オーディオCDでの理論ダイナミック・レンジは，

$$6.02 \times 16 + 1.76 = 98.08 \, \mathrm{dB}$$

となります．

量子化誤差は，量子化雑音と表現される場合もあります．傾向として静特性上では量子化誤差（Quantization Error），動特性上では量子化雑音（Quantization Noise）が用いられることが多いよ

図5　サイン波に対する量子化誤差（分解能：3ビット）

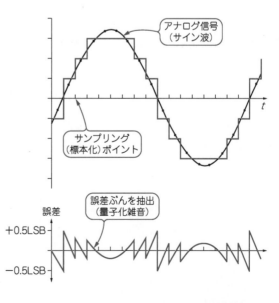

アナログ信号
（サイン波）

サンプリング
（標本化）ポイント

t

誤差ぶんを抽出
（量子化雑音）

誤差

+0.5LSB

−0.5LSB

うです.

● サンプリング・レートとナイキスト定理

A-Dコンバータで動信号を扱う場合，変換時間を時間単位（sec）で規定するよりは，サンプリング・レート（Hz）で規定するのが一般的です．これはアナログ信号の最大周波数と大きく関係するためです．

サンプリング（標本化）の基本理論では，再現できる元信号周波数f_1はサンプリング周波数f_Sで決定され，

$$f_S > 2f_1$$

の関係が求められます．これをナイキストの定理と呼んでいます．

この条件の元となっているのが，いわゆるサンプリング定理（標本化定理）と呼ばれているもので，離散信号，フーリエ変換などの数学的手法で信号を周波数表現あるいはスペクトラム表現することが可能です．

図6 に，実用的なサンプリング・スペクトラムの概念を示します．サンプリング周波数f_Sに対して分布するスペクトラムは$f_S \pm f_1$ですが，もう一つ大事なスペクトラムを含んでいます．それは量子化雑音E_qで，サンプリング周波数f_Sの1/2の周波数（$f_S/2$）まで分布します．この量子化雑音のレベルは分解能nで決定され，その実効値レベルは前述の式で求めることができます．

ここで，元信号がゼロ（無信号）のときのスペクトラムは，当然この量子化雑音のスペクトラムのみとなります．

図7 に，ナイキストの定理によるエイリアシング（aliasing）の概念を示します．$f_S > 2f_1$の関係であれば問題ありませんが，f_Sが$f_S < 2f_1$となると，$(f_S - f_1) < f_1$となり，サンプリング・スペクトラムが元信号と重なってしまいます．これをエイリアシングと呼び，この重なったスペクトラムは元信号との差成分でビートを発生させます．

したがって，ダイナミックな信号を扱う場合は，そのアナログ信号の周波数スペクトラム，最大信号周波数に応じた変換速度（サンプリング・レート）を有するA-Dコンバータの選択が必要です．

図6 サンプリング周波数とサンプリング・スペクトラムの関係

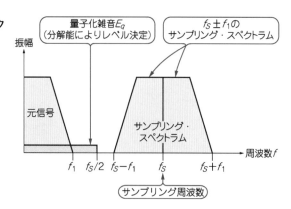

図7 ナイキストの定理によるエイリアシングの発生

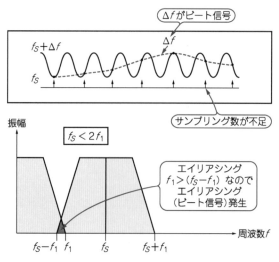

4-2

変換データの精度などに影響する
A-Dコンバータの静特性

A-Dコンバータの精度は，アプリケーションによってその規定方法が異なります．A-D変換するアナログ信号は主に静的信号（DC信号）と動的信号（AC信号）に区別でき，そのそれぞれに固有の仕様（静特性，動特性）が規定されています．

ここでは，A-Dコンバータの静特性であるオフセット誤差，ゲイン誤差，積分直線性誤差，微分直線性誤差，単調性，ノー・ミッシング・コードについて解説します．

● オフセット誤差

オフセット誤差はA-Dコンバータの内部回路で発生する電圧誤差です．**図8**にその概念を示します．アナログ入力電圧がバイポーラ（±FSR）

の場合，入力電圧0Vでのディジタル出力はゼロ・コードが理想（誤差なし）ですが，実際には0Vからの電圧誤差ΔV_Sを有しており，これをオフセット誤差で定義しています．

オフセット誤差の単位としては，

電圧値表示：mV，μVなど

フルスケールに対する比率：n% of FSR

LSB値表示：±2LSBなど

があります．

また，A-Dコンバータが多チャネル（2ch，8chなど，多数の信号入力を有する）の場合は，チャネル個々でのオフセット誤差と同時に，チャネル間で生じる誤差を，チャネル間オフセット誤差（Offset Error Mismatch）といった仕様で規定しています．

オフセット誤差は通常＋25℃で規定されています．オフセット誤差は周囲温度が変化すると温度特性で変化します．この特性はオフセット電圧対周囲温度特性，単純表現では温度ドリフトとして規定されています．この仕様の単位は，

係数：±n ppm/℃

LSB単位：±nLSB

実電圧：±nV

などで規定しているのが一般的です．また，**図9**の例に示すとおり標準特性曲線として

図8 A-Dコンバータのオフセット誤差

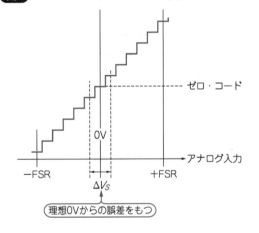

図9 オフセット誤差の温度特性の例

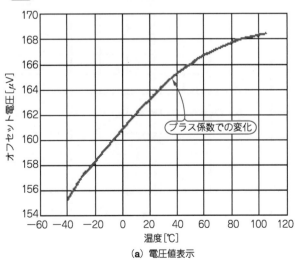

(a) 電圧値表示

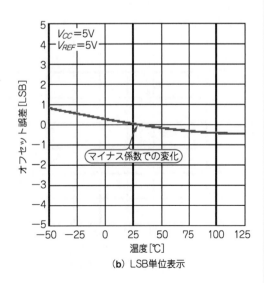

(b) LSB単位表示

グラフ化されているものもあります．注意すべきは，**図9**のグラフにあるように，ドリフト特性の方向性（温度上昇で電圧が上昇するか下降するか）はA-DコンバータICによって異なるということです．

このオフセット誤差はシステムとして見た場合，A-Dコンバータ自身のオフセット電圧と前段のアナログ回路のオフセット電圧との総合になります．高精度を必要とする場合は，外部回路で調整するか，あるいはキャリブレーション機能を有したデバイスを用いることで対応できます．

● ゲイン誤差

図10にゲイン誤差の概念を示します．A-Dコンバータのアナログ入力電圧範囲は，バイポーラ（$\pm n$ V，$-n$ V $\sim +n$ V），ユニポーラ（n V，$+x$ V $\sim +y$ V）のいずれか，もしくは両方に対応しているものがほとんどです．

このアナログ信号のフルスケール電圧の理想状態 V_I からの誤差 ΔV を，ゲイン誤差で定義しています．たとえば，0〜5Vの仕様（理想）に対して，0〜4.9 V，0〜5.1 Vなど，この差分0.1 Vはゲイン誤差となります．このゲイン誤差もオフセット誤差と同様に，システムとしてはA-Dコンバータ自身の誤差とアナログ入力回路での誤差との総合になります．ゲイン誤差の仕様は，

フルスケールに対する比率：n % of FSR

入力電圧値：n V

で規定されているのが一般的です．

A-DコンバータICによっては，フルスケール電圧 V_{FSR} が外部リファレンス電圧 V_{ref} によって決定されるモデルもあり，この場合はリファレンス電圧の温度ドリフト特性とA-Dコンバータ自身の温度ドリフト特性の両方で総合特性が決定されます．また，オフセット誤差と同様にゲイン誤差も温度ドリフト特性をもっています．**図11**にゲイン誤差対温度ドリフト特性の例を示します．

ゲイン誤差の対象はアナログ入力電圧であり，通常，アナログ入力電圧範囲，フルスケール入力電圧などで規定されています．

● 積分直線性誤差

A-D変換においては，A-DコンバータICに関係なく理論上の量子化誤差を含んでいますが，A-DコンバータICではその動作においてデバイ

図10 A-Dコンバータのゲイン誤差

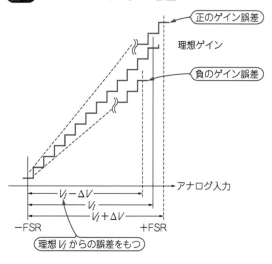

図11 ゲイン誤差の温度特性の例

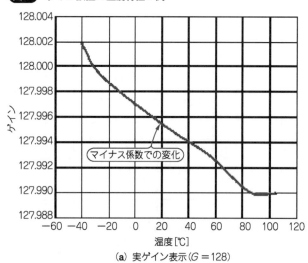

（a）実ゲイン表示（$G = 128$）

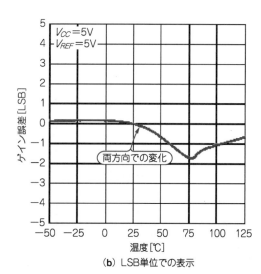

（b）LSB単位での表示

ス固有の誤差を有しています.

積分直線性誤差(Integral Linearity Error)は,A-DコンバータICの動作によって発生する理想伝達特性からの振幅誤差を意味しています. 図12 に積分直線性誤差の概念を示します. A-DコンバータICに誤差がない場合,振幅軸での誤差は分解能(nビット)で決定される理論量子化誤差のみですが,実際にはいろいろな要因によって振幅軸での誤差(非直線性)を生じます.

前述したゲイン誤差,オフセット誤差も振幅軸での誤差ですが,これらは特定ポイントでの誤差を表しているのに対して,積分直線性誤差は全振幅軸範囲(-FSRから+FSRの間)での振幅軸誤差を表しています. ここでの注意点は,積分直線性誤差の測定法においては,ゲイン誤差,オフセット誤差を取り除き,純粋に非直線性によって発生する振幅軸での誤差として定義されることです.

実際のわかりやすい例を 図13 に示します. この図は非直線性による振幅誤差を示しています. 黒色のラインで示したものが実際の振幅誤差ですが,この誤差は+FSRポイントでの誤差であるゲイン誤差が含まれています. このゲイン誤差を除去(この図においては,黒色のラインを-FSR点を軸にして+FSR点での誤差ゼロの位置に回転させる)すると,振幅誤差の特性は赤色のラインに変換されます.

この処理はゲインの正規化で,-FSR,+FSRの両エンドポイントでの誤差をゼロとして,他の全範囲での振幅誤差量を積分直線性誤差と定義しています. これは,ゲイン誤差,オフセット誤差は外部から簡単に補正可能であることと,純粋に非直線性での誤差を的確に表すための手法となっ

ています.

積分直線性誤差の単位は,

フルスケールに対する比率:±n% of FSR

LSB表示:±1 LSBなど

で表されるのが一般的です. また,表現としては,単純に直線性誤差という場合もあり,英文表記ではILE(Integral Linearity Error),あるいはINE(Integral Non-Linearity Error)で表現されることもあります.

図14 に,実際のA-DコンバータICのデータシートに記載されている積分直線性誤差(INL)の特性表示例を示します.

● 微分直線性誤差

微分直線性誤差(Differential Linearity Error)は,振幅軸の直線性誤差において隣接するビットとの相対的な振幅誤差で定義しています. 図15 に微分直線性誤差の概念を示します.

図15 において,アナログ値のLSB単位での各ビットの理想値(誤差なし)はA_1,A_2,…,A_6の各ポイントです. 実際には直線性誤差があり,その誤差を含んだ実際のアナログ値をE_1,E_2,…,E_6で示しています. 各ポイント間の振幅は1 LSBとなります.

ここで,A_1-A_2間(E_1-E_2間)の微分直線性誤差は-0.5 LSBとなります. すなわち,A_1-A_2間の理想値は1 LSBですが,実際にはE_1-E_2間は1 LSBの理想値(誤差なし)に対して-0.5 LSBの誤差があります. これが隣接するビット間の誤差,微分直線性誤差となります.

A_2-A_3間(E_2-E_3間)を見てみましょう. E_2-E_3は,それぞれ理想値A_2-A_3に対して-0.5 LSBの直線性誤差をもっています. ところが,E_2-E_3間でのアナログ値は理想値1 LSBであり,E_2-

図12 A-Dコンバータの積分直線性誤差

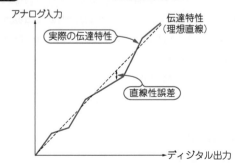

図13 ゲイン誤差を除去して積分直線性誤差を求める方法

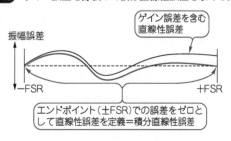

図14 実際のA-DコンバータICの積分直線性誤差の例

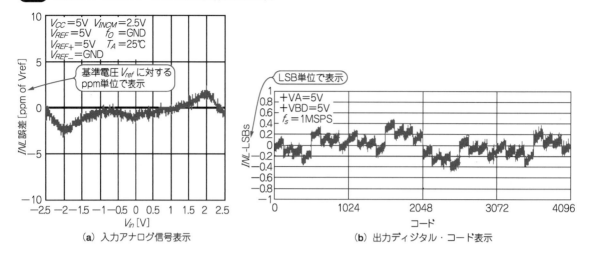

（a）入力アナログ信号表示

（b）出力ディジタル・コード表示

図15 A-Dコンバータの微分直線性誤差

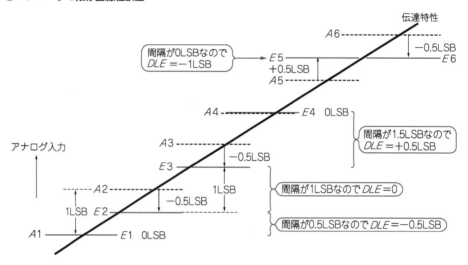

E_3 間での微分直線性誤差はゼロ（0 LSB）となります.

$A_3 - A_4$ 間（$E_3 - E_4$ 間）を見てみましょう. E_3 は－0.5 LSB の直線性誤差をもっていますが, E_4 では直線性誤差がゼロです. しかし, $E_3 - E_4$ 間の振幅は理想値1 LSB に対して1.5 LSB となり, 理想値との差である＋0.5 LSB が微分直線性誤差となります. $A_4 - A_5$（$E_4 - E_5$）間も同様に, ＋0.5 LSB の微分直線性誤差を有することになります.

最後に, $A_5 - A_6$ 間（$E_5 - E_6$ 間）ですが, E_5 は＋0.5 LSB の直線性誤差, E_6 は－0.5 LSB の直線性誤差をそれぞれ有しています. そして, $E_5 - E_6$ 間の理想値1 LSB に対して, ビット間の値は0 LSB となり, 微分直線性誤差は－1 LSB となります.

これまで述べたとおり, 微分直線性誤差はあくまでも隣接するビット間の理想値1 LSB からの誤差で定義されており, ワースト・ケースとして積分直線性誤差の2倍の値が微分直線性誤差となります.

微分直線性誤差の単位は積分直線性誤差と同じで, フルスケール基準の％表示あるいはLSB表示です. 英文表記では DLE（Differential Linearity Error）あるいは, DNL（Differential Non-Linearity）と表記されています.

図16 に, 実際のA-DコンバータICのデータシートに記載されている微分直線性誤差（DNL）の特性表示例を示します.

● **単調性（monotonicity）**

単調性は, 積分直線性誤差, 微分直線性誤差に

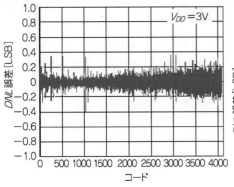

図16 実際のA-DコンバータICの微分直線性誤差の例

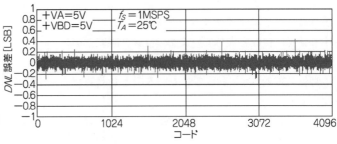

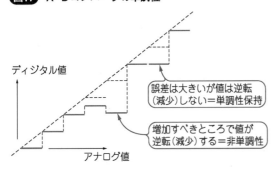

図17 A-Dコンバータの単調性

誤差は大きいが値は逆転
（減少）しない＝単調性保持

増加すべきところで値が
逆転（減少）する＝非単調性

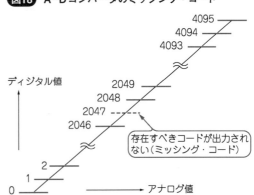

図18 A-Dコンバータのミッシング・コード

存在すべきコードが出力され
ない（ミッシング・コード）

影響される特性で，誤差の積み重ねあるいは大き
いポイントで発生するものです．

図17に単調性の概念を示します．アナログ値
が増加するとディジタル値も増加するのが当然で
すが，誤差の大きいところで値が逆転（減少）して
しまうポイントがあります．また，値が同じにな
ってしまうポイントもあります．

前者，すなわち値が逆転してしまうケースは単
調性が欠けることになり，非単調性特性というこ
とになります．

後者，値が同じケースでは値が逆転（減少）する
ことはないので，単調性を保っていることになり
ます．

A-DコンバータICは，この単調性を仕様とし
て保証しています．A-Dコンバータの分解能ビ
ット数での保証と，分解能未満のビット数での保
証のケースがあります．

● ノー・ミッシング・コード

ノー・ミッシング・コード（No Missing Code）

は言葉のとおりで，コードが欠落する現象を意味
しています．

ミッシング・コードの概念を**図18**に示します．
同図では12ビット分解能での例を示しています．
12ビット分解能では$2^{12} = 4096$のステップ数，す
なわち0〜4095のディジタル・コードが存在しま
す．

このディジタル・コードはアナログ値に応じて
4096種類のすべて（0〜4095）が発生しますが，誤
差の積み重ねあるいは，コードの変化が大きいポ
イントで本来出力すべきコードがなくなってしま
うことがあります．

図18においては2047というコードが存在せ
ず，これをミッシング・コードと定義します．こ
のミッシング・コードは，単調性と同様にA-D
コンバータICの分解能あるいは，分解能未満の
条件で保証する仕様となっているのが一般的で
す．

動特性は，ダイナミック特性，AC特性とも表現され，おもにダイナミック信号（AC信号）に対する仕様，精度を表しています．直線性誤差やゲイン誤差はDC信号に対する誤差を表しており，静特性（DC特性）と表現されているのと対照的な仕様です．

動特性には，SNR，THD，SINAD，SFDRなど多くの仕様がありますが，信号Sと誤差分Eともに，信号Sは基準サイン波の実効値レベル，誤差分Eは誤差（雑音，高調波など）の実効値でそれぞれ規定されることがほとんどです．

動特性は多くの場合，FFT解析，スペクトラム解析などの技法により試験されます．また，サンプリング理論，ナイキスト定理により，サンプリング周波数f_Sに対して，$f_S/2$の帯域条件での定義となります．したがって，動特性の各仕様はサンプリング周波数f_Sと信号帯域幅BWの条件が必要条件となり，これらの条件が異なると当然特性も変化します．

以下に，動特性の各仕様について解説します．

● **SNR**

SNRとは信号対雑音比（Signal-to-Noise Ratio）を意味しています．**図19**にスペクトラム表示での雑音信号の概念を示します．信号レベルS，雑音レベルNともに実効値（RMS）で，理想的には分解能で決定される量子化雑音がナイキスト周波数までの帯域に分布するのみですが，実際にはA-DコンバータICの動作上で発生するノイズが加わります．

すなわち，SNRは，

$$SNR\,[\text{dB}] = 10 \log \frac{P_{Smax}}{P_N}$$

P_{Smax}：正弦波最大信号電力

P_N：雑音電力

で定義されます．上式において，最大信号はA-DコンバータICの入力信号範囲（たとえば±5Vなら$10\,V_{p-p} = 3.5\,V_{RMS}$）であり，雑音は量子化ノイズとデバイスで発生するノイズとの総合になります．

図19において注意すべきは雑音レベルの単位です．雑音レベルは［nV_{RMS}］の実効値表示です

が，FFTスペクトラム解析での雑音レベルは雑音スペクトラム密度［$nV/\sqrt{Hz}$］で表示されます．

すなわち，帯域幅により雑音レベルは異なります．雑音スペクトラム密度が$10\,\mu V/\sqrt{Hz}$，帯域幅が10kHzとすると，雑音レベル実効値は，

$$10\,\mu V/\sqrt{Hz} \times 10\,\text{kHz} = 1\,\text{mV}$$

となります．フルスケール（0dB信号レベル）が$1\,V_{RMS}$とすると，SNRは電圧比で，

$$SNR = 20 \log (1\,V/1\,mV) = 60\,\text{dB} \quad\cdots\cdots(6)$$

となります．この60dBは実効値であり，**図19**における振幅レベルの$-n$dBとは異なります．

簡単に表現すると，FFTスペクトラム図での振幅レベル［ndB］は，雑音に関しては実効値レベルでないので，たとえばSNR = 80dBの場合でも，雑音の分布するレベルは-80dBではなく，より低いレベルで表示されます．

● **THD**

THD（Total Harmonic Distortion）は，全高調波歪み，単に歪率などで表現される仕様で，A-Dコンバータ・デバイスの非直線性（積分直線性誤差と微分直線性誤差）によって発生するダイナミック信号（主にサイン波，実効値）に対する全高調波の総合です．すなわち，THDは標準信号（基本波）に対して非直線性で発生する全高調波との比で定義され，

$$THD = 10 \log \frac{P_{TH}}{P_{base}}$$

P_{TH}：全高調波電力

P_{base}：基本波電力

となります．

図19 スペクトラム表示での雑音信号の概念

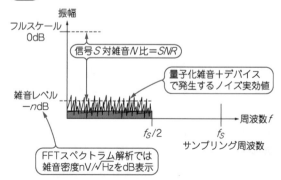

THD特性はSNRと同様にFFTスペクトラム解析で測定されますが，特定用途（オーディオ・アプリケーションなど）では専用のアナライザで測定されます．

図20 にTHD特性の概念図を示します．同図において，周波数f_A，レベル0 dBの基本波信号に対して，A-DコンバータICに何も非直線性要素がなければ，信号スペクトラムは基本波成分のみとなります．実際には，非直線性要素により倍数関係の高調波が発生します．通常，2次，4次などの偶数倍のものを偶数次高調波，3次，5次などの奇数倍のものを奇数次高調波と定義しています．そして，これらの高調波は最大N次まで分布し，これらの各高調波の総合を全高調波として信号レベルに対する比，$-T$dB（-80 dBなど）あるいはパーセントでT%（0.01 %など）と表示します．

THD特性のFFTスペクトラム解析では，全高調波として計算された結果が指示されます．このとき，**図20** でも見られるとおり，スペクトラムには雑音成分Nも含んでいますが，この雑音Nは計算されません．THD測定では，あくまでも高調波成分のみを表しています．

THD特性においてのパラメータとしては，
(1) 対信号周波数
(2) 対信号レベル
があります．通常は規定レベル，規定周波数でのものを仕様として表していますが，A-DコンバータICによっては，対温度特性，対電源電圧特性，対サンプリング周波数などのパラメータでの特性を代表的曲線グラフで表示しているものもあります．

対周波数特性としては，信号周波数f_Aがナイキスト周波数$f_S/2$に近接している場合の扱いについて注意する必要があります．たとえば，$f_S=$100 kHzの条件で，信号周波数f_Aが40 kHzとすると，理論的には発生する高調波周波数は，

2次高調波：80 kHz
3次高調波：120 kHz

となり，これらはナイキスト周波数（$f_S/2=50$ kHz）の理論帯域を越えたものとなってしまいます．これらのスペクトラムは帯域内にエイリアシングとして現れることとなります．

● SINAD

SINADは（Signal-to-Noise And Distortion），信号対雑音および歪み特性のことで，前述のSNR特性とTHD特性を総合して表すものです．

したがって，SINADは，

$$SINAD = 10 \log \frac{P_S}{P_{ND}}$$

P_S：信号電力
P_{ND}：（雑音＋歪み）電力

で定義されます．

図21 にSINADの概念を示します．THD特性でのTHD量とSNR特性でのノイズ量はA-DコンバータICによって異なりますが，THDが支配的な場合，ノイズが支配的な場合とその構成要素は異なってきます．いずれにしろ，SINADにおいてもFFTスペクトラム解析で自動計算され表示されます．

図22 にSNR，THD，SINADの各特性の実測グラフの例を示します．ここで，ノイズ・フロア・レベルは-100 dBより低いレベルにありますが，表示されているSNRは73.4 dBとなっています．これはSNRの項で説明したとおり，グラフのdB値は雑音スペクトラム密度であるのに対

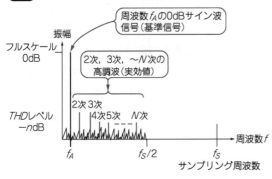

図20 A-DコンバータのTHD特性

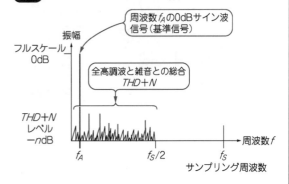

図21 A-DコンバータのSINAD特性

して，数字表示のdB値は計算実効値であること
によります．

● SFDR

SFDR(Spurious Free Dynamic Range)は，ス
プリアス・フリー，すなわち*THD*(高調波)特性
による影響を受けない基準信号とのレンジ幅(ダ
イナミック・レンジ)を意味しており，ほとんど
の場合は全高調波のうち最大のものとの比となり
ます．**図23**に*SFDR*特性の概念を，**図24**に
*SFDR*特性の実測例をそれぞれ示します．

*SFDR*の定義は，

$$SFDR = \frac{S_C}{H_{max}}$$

S_C：信号レベル

H_{max}：高調波最大レベル

で表され，単位としては〔dBc〕が用いられます．

*SFDR*は測定条件，すなわち信号周波数と信号
レベルによって異なる特性となることがありま
す．仕様では，基準信号周波数，信号レベルの条
件が規定されていますが，対周波数のパラメータ
すべてを規定するのは非現実的なので，主要なパ
ラメータ条件での実測値を標準特性として表示す
るケースが一般的です．

● 有効ビット

有効ビットは，Effective Number Of Bit
(*ENOB*)とも表現され，概念的には出力ディジタ
ル信号の最小ビットLSBに対して，実際のA-D
変換でどのビット出力(n LSB)までが正確な変換
データとして扱えるかを意味しています．ダイナ

ミック信号に対して有効ビット数は*SINAD*特性
で制限されます．すなわち，

$$ENOB = \frac{SINAD〔dB〕- 1.76}{6.02} \quad \cdots\cdots\cdots (10)$$

で定義されます．

たとえば，16ビット分解能のA-Dコンバータ
ICで*SINAD*特性が92 dBであれば，

$ENOB = (92 - 1.76)/6.02 = 14.99$ ビット

となり，16ビット分解能に対して実際には15ビ
ット程度のディジタル・データが有効であること
になります．

図22 *SNR*，*THD*，*SINAD*の各特性の実測例

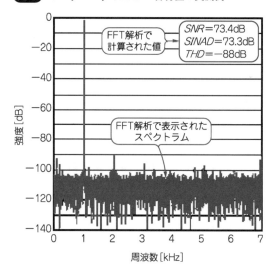

図23 A-Dコンバータの*SFDR*特性

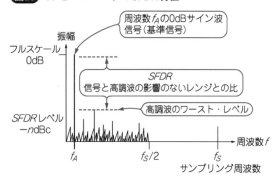

図24 *SFDR*特性の実測例

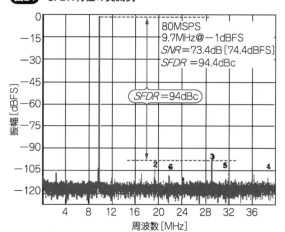

A−Dコンバータの基本機能は量子化と標本化であり, 量子化については静特性, 動特性ともに多くの仕様(特性)が規定されています.

一方, 標本化については, 変換時間(サンプリング・レート)を中心とした時間軸での仕様(特性)が規定されています. また, A−DコンバータICは自力で動くものではないので, 電源条件に関する仕様,

(1) 電源電圧範囲
(2) 電源電流
(3) 消費電力

などが規定されており, さらには温度条件に関する仕様(特性), すなわち,

(4) 仕様温度範囲
(5) 動作温度範囲
(6) 保存温度範囲

などの仕様があります.

また, アナログ入力部に関する仕様として, 入力インピーダンスや漏れ電流, 多チャネルの場合はチャネル間のクロストークなどの仕様もあります.

ディジタル入出力に関する仕様(特性)も存在します. ディジタル入出力のロジック・レベル(入出力H/Lレベルの電圧や電流)の仕様は, インターフェース設計で不可欠な仕様となります. これらの仕様(特性)については別章で解説します.

● 変換時間に関する仕様

A−Dコンバータの変換時間は, A−Dコンバータのタイプによりその表現が異なります. どちらかというと, DC信号の変換用途では変換時間, AC信号の変換用途ではサンプリング・レートで規定されることが多いようです. また, 多チャネル入力機能を有するタイプのA−Dコンバータでは, チャネル切り替え時間要素を含めて, 最終的にデータ出力が得られる時間として, スループット・レートで規定されているものもあります.

また, 変換時間には実質的にA−D変換で必要とする時間と後述のアクイジション特性や, シリアル・クロックのインターフェース・タイミングなどとの総合で規定される場合もあるので, タイミングに関する仕様についても確認する必要があります.

図25に実際のA−Dコンバータのタイミング仕様の例を示します. 図からわかるとおり, A−D変換に必要な変換時間に加えて, シリアル・データの読み込みタイミング時間, 次動作のための必要時間があるので, 総合的な変換時間(変換レート)はこれらの総合になります.

● レイテンシ

レイテンシ(latency)とは遅れ時間のことですが, おもに比較的高い周波数(少なくともMHzオーダ)のダイナミック信号を扱う高速A−Dコンバータ特有の仕様になります. 後述しますが,

図25 実際のA−Dコンバータのタイミング仕様の例

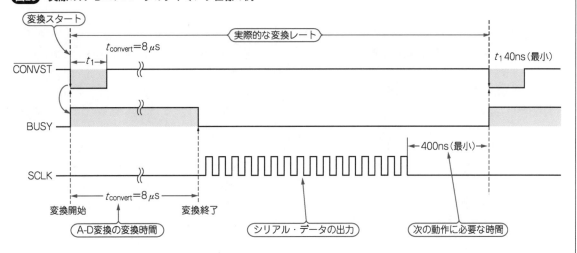

A – Dコンバータの変換方式においてパイプライン方式，デルタ‐シグマ方式のA – Dコンバータの動作は連続した信号変換となります．

図26に高速A – Dコンバータのデータ出力タイミングにおけるレイテンシの規定例を示します．図において，入力信号のサンプリング・ポイントはサンプリング・レート f_S で決定されます．基準サンプリング・ポイント N に対して，その前後のサンプリング・ポイントは $N \pm n$（$n = 1, 2,$

3, 4…）となります．

このサンプリング・ポイントに対して，A – Dコンバータのデータ出力には n サンプルぶんの遅延時間があります．これをレイテンシで規定しており，サンプリング・レートあるいは，データ出力レートを決めている動作クロックを基準に仕様が定められています．この例では，クロックDCO ± の周期，クロック数（13クロック）で規定しています．

図26 高速A – Dコンバータのデータ出力タイミングにおけるレイテンシの規定例

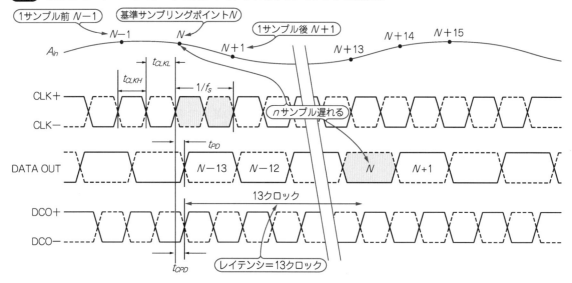

動作温度範囲に対する考察   column

A – DコンバータICを含めてほとんどの半導体デバイスは，半導体の最大ジャンクション温度が直接の動作温度上限を決定しています．ICの構造，すなわちパッケージ構造で「熱抵抗」が決定され，半導体ICで消費される消費電力と熱抵抗の各要素で求まるジャンクション温度が，最大ジャンクション温度150℃を越えない範囲が動作温度範囲の基本条件となります．

消費電力は，動作電源電圧，変換スピードなどの動作条件によって大きく異なりますが，通常はデータシートにその最大値が規定されています．

一方，熱抵抗 θ はパッケージ形状や材質により異なりますが，

θ_{jc}：ジャンクションからケース温度

θ_{ja}：ジャンクションから周囲温度

などで規定されています．

たとえば，あるA – DコンバータICでは，

$$\theta_{ja} = 40℃/W$$

で規定されています．このICでの消費電力は200 mWであるので，電力消費によるジャンクション温度の上昇ぶん T_Δ は，

$$T_\Delta = 40 \times 0.2 = 8℃$$

となります．周囲温度 T_a の最大が85℃であれば，ジャンクション温度 T_j は，

$$T_j = T_a + T_\Delta = 85 + 8 = 93℃$$

となり，限界値である150℃に対して十分な余裕があることが証明されます．

ほとんどのA – DコンバータICは最大ジャンクション温度に対して余裕のある設計がされているので，熱抵抗を計算しなくても動作温度範囲規定をそのまま信用してかまいません．

4-5

時間軸要素でのアナログ変換精度への影響を与える
サンプル&ホールド回路

現在のA-DコンバータICのほとんどはサンプル&ホールド(トラック&ホールドとも呼称)回路が組み込まれていますが，この機能はA-D変換においては必要不可欠な機能です．A-D変換動作はアナログ信号からディジタル信号への変換ですが，この変換動作は瞬時に行われるものでなく，速度の違いはありますが所定の時間を必要とします．

これが変換時間ですが，変換中に入力のアナログ信号が変化すると正確な変換はできません．したがって，変換中はアナログ信号を一定状態にしてA-D変換しなければなりません．この機能を有するのがサンプル&ホールド回路(Sample and Hold；S&H回路)です．

図27にサンプル&ホールド機能の概念図を示します．サンプル&ホールド回路はその名のとお

り，信号のサンプル動作でサンプルした信号をホールド動作でホールドする動作をします．

図28にA-DコンバータICの総合変換時間の決定要素の概念を示します．もちろん，A-Dコンバータによって回路構成は異なりますが，ここでは入力信号処理(T_1)，S&H回路(T_2)，A-D変換回路(T_3)を構成要素としています．

入力信号処理回路(加算やゲイン・アンプ，チャネル選択など)での時間要素はセトリング・タイム(settling time)です．S&H回路での時間要素はアクイジション・タイム(acquisition time)とセトリング・タイムです．A-D変換回路での時間要素は変換時間とセトリング・タイムになります．すなわち，これらの総合としてA-Dコンバータの変換時間(サンプリング・レート)が決定されます．

このなかで，サンプル&ホールド回路の時間要素に対してはいくつかの仕様が規定されており，時間軸要素でのアナログ変換精度への影響を与えることから，これらの仕様について理解しておく必要があります．

● サンプル&ホールド回路の仕様

サンプル&ホールド回路の仕様は，その動作状態から次のように大別できます．

(1) サンプル時の仕様
(2) サンプル→ホールド切り替え時の仕様
(3) ホールド時の仕様
(4) ホールド→サンプル切り替え時の仕様

サンプル時の仕様は，オフセット誤差，ゲイン

図27 サンプル&ホールド機能の概念

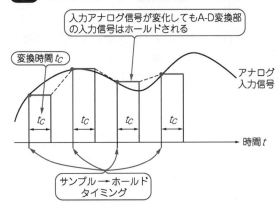

図28 A-DコンバータICの総合変換時間の決定要素

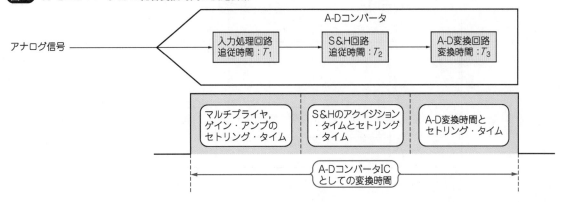

誤差のDC特性に関する仕様と，スリュー・レート，ゲイン帯域幅などのダイナミック特性に関するものがあります．これらの仕様はOPアンプとほぼ同様のものです．

図29 にS&H回路の動作における静特性，ダイナミック特性，時間軸要素に対する各仕様の概念図を示します（赤色ラインがS&H出力，破線が入力信号）．

● アパーチャ時間

サンプル→ホールド時の仕様のうちで最も重要なのがアパーチャ・タイム（aperture time）です．これはサンプル→ホールド切り替え時に実際にS&H回路がサンプル状態からホールド状態に切り替わるまでの時間で定義されています（**図29** 参照）．

すなわち，実際のホールド信号出力からアパーチャ・タイムぶん遅れてホールド動作になるので，アパーチャ・タイム時間中のアナログ信号は変化することになり，これは振幅誤差となります．

また，アパーチャ・タイムのスイッチング特性のスイッチング時間ばらつき要素で発生する時間軸誤差をアパーチャ時間不確実性（aperture uncertainly），あるいはアパーチャ・ジッタ（aperture jitter）で定義しています．

● アパーチャ誤差

アパーチャ・タイムにより発生する振幅誤差をアパーチャ誤差（aperture error）で規定しています．この規定は入力信号がダイナミック信号，振幅 A，周波数 f のサイン波信号として，その最大傾斜での誤差として考えられるので，アパーチャ・タイムが t_a のシステムでのアパーチャ誤差 A_E は，

$$A_E = \frac{d(A\sin 2\pi f)}{dt} t_a \times 100 \ [\%]$$
$$= 2\pi f \, t_a \times 100 \ \%$$

で計算することができます．

上式から逆算すると，最高信号周波数 f_{max} における許容誤差 A_E ［%］から要求されるアパーチャ誤差（時間）を求めることができます．**図30** はアパーチャ誤差とアパーチャ・タイムの関係を信号周波数のパラメータで示したものです．たとえば，1kHzの信号を0.001%の許容誤差内で処理できるアパーチャ・タイムは約2nsとなります．

ここで注目すべきは，S&H回路の動作を実行しているクロックの時間軸精度です．すなわち，外部からA-DコンバータICに基準クロックを入力する場合，その基準クロックの時間軸精度やジッタは直接精度に影響することになります．

また，サンプル→ホールド時に内部容量などの影響で発生するオフセット電圧をチャージ・オフセット（charge offset）電圧で規定しています．ホールド状態では，理想動作ではホールドした信号値を保持することですが，実際は蓄積された電荷（信号）は放電により変化します．この振幅変化をドループ（droop）電圧で規定しています．

さらには，ホールド時に入力信号が大きく変化した場合に発生する振幅変化（誤差）をフィード・スルー（feed through）で規定しています．

図29 サンプル&ホールド回路の動作における特性仕様

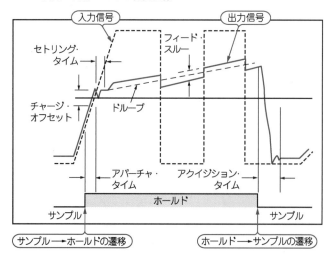

● **アクイジション・タイム**

アクイジション・タイム(acquisition time)は，ホールド状態からサンプル状態に切り替わったときの信号の追従性を規定したもので(**図27**参照)，スリュー・レートで決定される追従特性と所定の範囲内に信号が安定するまでのセトリング・タイムとの総合で決まります．

*　　　　　　*

時間軸要素の重要な仕様(特性)をまとめると，

(1) アパーチャ・タイム
(2) セトリング・タイム
(3) アクイジション・タイム

の各仕様になります．

通常，S＆H回路を内蔵するA-DコンバータICの場合は，変換時間の仕様に加えてこれらの仕様が規定されています．

図30 アパーチャ誤差とアパーチャ・タイムの関係

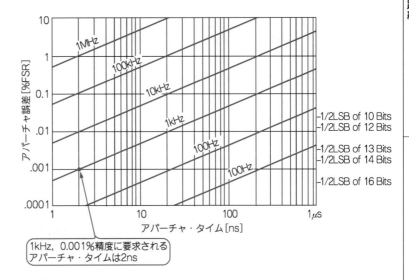

1kHz, 0.001%精度に要求されるアパーチャ・タイムは2ns

A-D変換の各特性は条件次第 column

A-D変換の各特性，*INL*，*DNL*などの静特性，*THD*，*SFDR*などの動特性は，当然ある条件で規定されています．A-DコンバータICの基本動作条件としては，電源電圧，動作温度といったものがありますが，入力信号レベル，入力信号周波数，コモンモード電圧，電源リプル，変換速度といった各条件で変化するものが多くあります．これらは，A-DコンバータICのデータシートで標準特性曲線で示されているのが一般的です．ただし，これらは保証値でなく，あくまでも標準的なものとして扱う必要があります．

各種パラメータのなかには，内部動作の時間要素を決定するクロックに関してのものもあります．**図A**はその一例です．クロックのデューティ・サイクルによって変換精度が影響されることは，S＆H回路やA-D変換動作そのものの動作時間軸の変動によるものが特性(精度)に現れていると言えます．

図Aの場合，積分直線性誤差のプラス側(＋*INL*)とマイナス側(－*INL*)対基準動作クロックのデューティ・サイクルをパラメータにした標準特性曲線です．当然，50％付近が最良となっています．

A-DコンバータICによってはデューティ・サイクル＝40％～60％の間しか動作保証していないものもあります．このモデルの場合，逆に言えば，±*INL*の許容値を緩めればデューティ・サイクル＝20％～80％の劣悪なクロックでも動作することを意味しています．

図A *INL*対クロック・デューティ特性の例

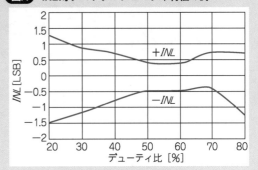

第**5**章
アプリケーションに適したA−D変換方式を選択するために

A−Dコンバータの変換方式のいろいろ

A−Dコンバータの変換方式には非常に多くの種類があります．アプリケーションによってA−D変換に要求される分解能，精度，変換スピード（サンプリング・レート），電源条件，消費電力などの特性，仕様は異なります．当然，各特性パラメータにより適した変換方式が存在し，汎用，高精度，高速などの分類がされています．

ここでは，これらの分類のなかで現在おもに用いられているA−D変換方式の代表的な方式として，
(1) 逐次比較型
(2) フラッシュ型
(3) ハーフ・フラッシュ型
(4) パイプライン型
(5) デルタ−シグマ型
の各方式について，その動作，精度と変換速度，特徴について説明します．

5-1 アナログ入力と内部DACの出力を比較しながら変換していく
逐次比較型A−D変換の動作

逐次比較型A−Dコンバータの基本構成を **図1** に示します．逐次比較型の基本構成は，
(1) 分解能NビットのD−Aコンバータ
(2) コンパレータ
(3) 逐次比較レジスタ（Successive Approximation Register；SAR）
の3機能です．

D−Aコンバータ（Digital to Analog Convertor；以下DACと呼称）は，アナログ入力電圧範囲と同じアナログ信号出力範囲をもっており，その出力はバイナリの関係をもっています．DACのディジタル入力信号は，逐次比較レジスタSARの出力ロジック信号になります．

コンパレータは，A−Dコンバータの入力信号（サンプル＆ホールド機能でホールドされている）とDAC出力信号を比較するもので，比較結果はHighかLowの2レベルとなります．

逐次比較レジスタは，動作クロックと入力ロジ

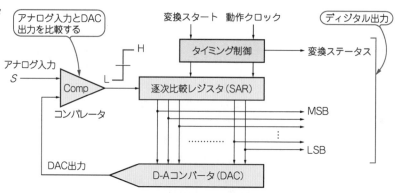

図1 逐次比較型A−Dコンバータの基本構成

アナログ入力とDAC出力を比較する
変換スタート　動作クロック　ディジタル出力
タイミング制御　→　変換ステータス
アナログ入力　S　　H／L
Comp　逐次比較レジスタ（SAR）
コンパレータ　MSB
⋯⋯⋯⋯　LSB
DAC出力　D-Aコンバータ（DAC）
アナログ入力と等しいDAC出力を得る
アナログ入力値＝ディジタル出力値

ックにより，ビット数に応じたディジタル値をラッチする機能を有しています．

図2 に逐次比較型A-D変換の動作概念を示します．ここでは入力アナログ信号Sを赤色の破線で示しています．DACのアナログ出力はZERO（ゼロ）からFSR（フルスケール）までの電圧範囲を有しています．

変換スタートは動作クロックによって始まります．最初のクロックでDAC出力はMSB = '1' のアナログ値を出力します（ほかのビットは '0'）．MSBのアナログ値はバイナリの関係でFSRの1/2の重みをもっています．すなわち，最初にMSB = '1' の出力（FSR/2）とアナログ値Sがコンパレータで比較され，S＞MSBならMSB = '1'，S＜MSBならMSB = '0' の比較をして，そのロジック値（HかL，1か0）をラッチします．

次のステップでは，次のクロックでBit2 = '1' の出力（MSBの1/2，FSRの1/4の重み）とアナログ値Sが比較され，MSBと同様に，S＞Bit2ならBit2 = '1'，S＜Bit2ならBit2 = '0' の値がラッチされます．以下，Bit3，Bit4，Bit5，…，LSBまでの分解能Nビットぶんが逐次比較され，最終的に分解能の最小単位LSBまでの精度でアナログ値がディジタル値に変換されます．

別の表現をすれば，入力アナログ値SとDAC出力（量子化誤差を含む）が同じになるようにDAC出力を調整していき，S = DAC出力となるDAC入力ディジタル値がアナログ入力Sをディジタル値に変換したディジタル・データとなります．

逐次比較レジスタSARでラッチされたディジタル・データは，DACの入力と同時に，A-D変換の量子化（A-D変換）された分解能に相応したディジタル・データとなりパラレルで出力されます．このパラレル・データは，パラレル-シリアル変換されて，シリアル・データとして出力する仕様のA-DコンバータICが主流となっています．

● 逐次比較型A-D変換の精度と速度

逐次比較型A-D変換での分解能と速度は，構成要素のなかでもDACとコンパレータの特性でほとんど決定されます．**図3** に逐次比較型A-D変換における精度と速度の決定要素の概念を示します．

▶ 精度

逐次比較レジスタSARはロジック回路であり，アナログ的な誤差要素はほとんどありません．精度と速度を決定する主要な要素はDAC特性にあります．DACもA-Dコンバータと同様に，その変換方式には多くの種類がありますが，逐次比較方式で使われる変換方式は抵抗ラダー型，C-DAC法などの入力ディジタル値を直接的にアナログ値に変換する方式のものです．

DACの特性としては，やはりA-Dコンバータと同様に，積分直線性誤差，微分直線性誤差などのDC特性（仕様）とSNR，THDなどのAC特性（仕様）があります．DACは誤差なしの理想状態でも分解能Nビットで決定される量子化誤差を有

図2 逐次比較型A-D変換の動作のようす

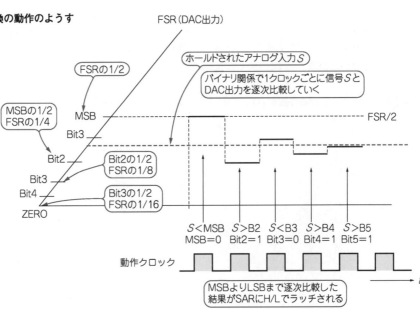

図3 逐次比較型A-D変換における
精度と速度の決定要素

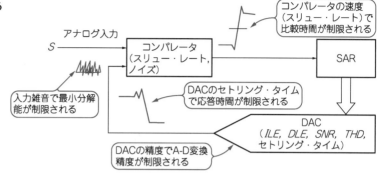

しますが，これに前述のDC誤差，AC誤差が加わります．そしてこの誤差は，そのままA-DコンバータICの誤差となり，その精度が決定（制限）されます．

DACの変換方式と要求速度から，16ビット以上の高精度を得るのはそれなりの技術を必要とします．

また，コンパレータの入力ノイズE_Nは，アナログ信号の最小分解能，扱える最も小さい信号のレベルE_Sに影響します．すなわち，$E_N > E_S$とな

逐次比較型A-D変換におけるD-A変換

ここで，逐次比較型A-D変換方式の動作で最重要な機能を有するD-A変換器（DAC）について少し解説します．

DACにもA-D変換と同様に多くの変換方式が存在し，分解能，精度，変換速度などの主要パラメータによりそれぞれの特徴があります．逐次比較型A-D変換においては，主要パラメータである分解能，精度，変換速度はほぼ内部DACの性能に依存することになり，DACの性能は重要なファクタになります．逐次比較型において一般的に用いられているDACの変換方式の代表的なものとしては，

(1) 抵抗ラダー型
(2) 電荷配分型

が挙げられます．ここではこの代表的な変換方式の基本動作について説明します．

図Aに抵抗ラダー型DACの基本ブロック図を，**図B**に電荷配分型DACの基本ブロック図をそれぞれ示します．

図Aにおいて，D-A変換の主要機能は基準電圧V_{ref}，抵抗ネットワーク，アナログ・スイッチで構成されています．抵抗ネットワークは，抵抗値R，$2R$の2種類の抵抗値を組み合わせたもので，一般的にこれをR-$2R$ラダー抵抗ネットワークと言います．

この抵抗ネットワークは，基準電圧V_{ref}をR-$2R$の関係からバイナリに重み付けされた電圧を生成します（抵抗ネットワークの数は分解能Nビットで決定される）．生成されたバイナリ関係の電圧はアナログ・スイッチで選択されます．すなわち，入力ディジタル・データ値に相応するアナログ電圧値となるように，各スイッチは生成された電圧値をON動

図A 抵抗ラダー型DACの基本ブロック図

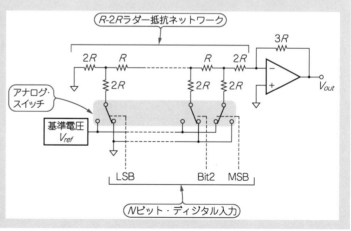

れば，E_SはノイズE_Nにマスクされてしまい，それ以上の分解能を得ることはできません．

▶ 速度

DACの変換速度（セトリング・タイム）は，信号応答特性としてコンパレータ部での比較時間に影響します．分解能Nビットの場合，「DAC出力→信号比較」の動作サイクルがN回繰り返されるため，DACの変換速度×Nが変換速度を決定（制限）することになります．

一方，コンパレータの応答速度（スリュー・レート；slew rate）も同様に，分解能Nビット回数ぶんの比較動作が行われるので，A-D変換速度を決定（制限）する要素になります．

● 逐次比較型A-D変換の特徴

逐次比較型A-D変換の特徴は，精度と変換速

度の観点から見るとわかりやすくなります．

まず，精度の観点からは，汎用アプリケーションの中心となる中分解能（10〜16ビット）で分解

図4 1回の変換と連続変換，一定周期変換，単発変換

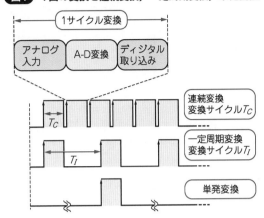

column

作で選択し，その値を出力することになります．

図Bは電荷配分型，C-DACとも呼ばれている方式ですが，抵抗ネットワークの代わりに，バイナリに容量が重み付けされた分解能Nビットぶんのキャパシタ（コンデンサ）・ネットワークでバイナリに重み付けされた電圧を生成するものです．そのほかの動作はほぼ同じで，入力ディジタル値に対応するアナログ値を得るための選択動作でアナログ出力を得ることができます．

ラダー抵抗型，電荷配分型ともに，分解能と精度は抵抗あるいはキャパシタの理想値からの誤差，すなわち抵抗値の誤差，容量値の誤差で決定されます．これは半導体プロセスで生成される抵抗とキャパシタの精度が，回路としての精度を直接決定することを意味しています．

変換速度の観点からは，バイナリに重み付けされた電圧は固定されているので，選択機能での必要時間，おもにスイッチの応答速度と出力バッファ・アンプ部の応答速度で決定されます．これが意味することは，A-D変換のプロセスに比べて，これらのD-A変換では動作がシンプルなので比較的高速であることを意味しています．すなわち，

DACの1変換×分解能N＝A-D変換時間

となるので，DACの変換速度は高速である必要性もあります．

DACデバイス（D-AコンバータIC）としては，A-Dコンバータと同様に，ゲイン，オフセット，ILE，DLEなどの静特性，SNR，THD，$SFDR$などの動特性が仕様で規定されています．

図B 電荷配分型DACの基本ブロック図

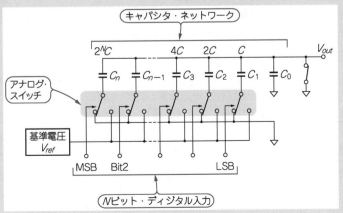

図5 Nチャネル・アナログ入力対応の
A-D変換システムの構成例

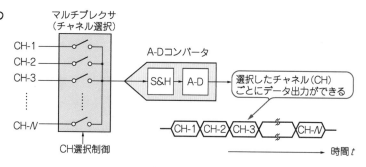

能相応の精度が確保できることにあります．真の
16ビット精度や，より高分解能(20ビット，24ビ
ットなど)にはアナログ誤差要素により限界があ
ります．

　変換速度の観点では，これも汎用アプリケーシ
ョンでの中心となる，サンプリング・レート
100 kHz～1 MHz程度は無理なく実現できる範囲
にあります．逐次比較A-D変換では，1サンプ
ルのA-D変換プロセスがA-D変換の変換時間
でクローズされることになります．すなわち，1
サイクルのA-D変換は，

　　　アナログ値A→変換動作→ディジタル値D
　　　　　　　　　　　　　　　(データ取り込み)
となり，1回の変換ですべてがクローズされます．
ほかの方式，たとえばデルタ-シグマ型A-D変換
ではレイテンシが存在するため，1サイクルのみ
の変換を遅れなしに出力することができません．

　図4 に，ここでの説明の概念を示します．逐
次比較型A-D変換においては用途によって，こ
の1サイクルの変換動作を，
(1)　連続動作させる
(2)　一定周期で動作させる
(3)　必要なときのみ動作させる
と選択できることが大きな特長です．

　連続動作では，制御システムにおいてリアルタ
イム応答が要求されるアプリケーションや，中速
度でのダイナミック信号に対応したアプリケーシ
ョンで有効です．

　一定周期動作は，定期的(一定周期)なデータ収
集/記録などのアプリケーションで特に有効にな
ります．

　必要なときのみ動作させる単発変換は，たとえ
ば信号の有無を検知して，信号があるときにA-
D変換を実行するようなアプリケーションに有効
です．

図6 逐次比較方式A-DコンバータIC ADS121S655の
ブロック図(12ビット分解能,500 ksps；ナショナ
ル セミコンダクター)

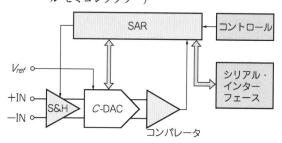

　逐次比較型A-D変換においてのもう一つの特
長に多チャネル対応があります．**図5** にNチャ
ネル・アナログ入力対応のA-D変換システムの
構成例を示します．逐次比較型A-D変換では，
1サイクルのA-D変換が終了すれば即時，次の
変換サイクルの動作が可能です．この特性から多
チャネル(4 ch，8 chなど)入力に対して選択した
チャネルを逐次変換し，データ出力を得ることが
できます．

　このようなアプリケーションはほかの方式では
実現するのが非現実的なので，逐次比較型A-D
変換のメリットを利用したシステムです．実際の
システム設計においては，アナログ入力のチャネ
ルを選択するマルチプレクサの精度(誤差)とスイ
ッチング速度，サンプル&ホールド回路のアクイ
ジション・タイムを精度と変換タイミング上で考
慮しなければなりません．

　図6 に，12ビット分解能，500 ksps，逐次比
較方式A-DコンバータIC ADS121S655(ナショ
ナル セミコンダクター)のブロック図を示します．
データシートの「アプリケーション」の項目では，
プロセス制御，データ収集，計測用途で用いるの
に最適となっています．ブロック図は逐次比較方
式の基本構成と同じですが，基準電圧 V_{ref} が外部
入力，アナログ入力は差動(バランス)形式となっ
ています．

5-2
アナログ入力を複数のコンパレータで一度に比較して変換する
フラッシュ型A−D変換の動作

フラッシュ型A−D変換方式は，多くのA−D変換回路のなかでも最も高速変換（100 MHz～1 GHzサンプリングなど）が可能な方式です．**図7**にフラッシュ型A−D変換の基本構成を示します．

A−D変換の原理は，並列接続された高速コンパレータ（実際にはクロック信号で動作制御するクロックド・コンパレータ）が，入力電圧 V_{in} と各コンパレータの基準電圧 $V_{ref}N$ とを比較/判定（HighかLowか）し，その結果をラッチし，所定のディジタル・コードに変換して出力するというものです．

フラッシュ方式での最小分解能は，基準電圧 V_{ref} の最小値になります．このため，分解能Nビットであれば N 個のコンパレータが必要であり，そのぶん回路規模が大きくなります．したがって，高分解能の実現は困難になります．

● フラッシュ型A−D変換の精度と速度
▶ 精度

フラッシュ型A−D変換の精度は，N 個のコンパレータに与える比較用基準電圧 V_{ref} の精度でほぼ決定されます．比較用基準電圧は抵抗ネットワークなどで構成されるので，その抵抗ネットワークの精度に依存します．

分解能の最小単位LSB付近を比較/判定するコンパレータにおいては，その入力換算ノイズ V_N とオープンループ・ゲイン A_O が重要な要素となります．

コンパレータの出力電圧 V_{out} は，コンパレータのオープンループ・ゲインを A_O とすれば，

$$V_{out} = A_O(V_{in} - V_{ref}) \quad\cdots\cdots\cdots\cdots\cdots\cdots (1)$$

V_{in}：入力電圧

V_{ref}：基準電圧

で表すことができます．ここで，A_O を 80 dB（10000倍），$(V_{in} - V_{ref})$ を 1 mV とすると，出力電圧 V_{out} は，

$$V_{out} = 10000 \times 1 \text{ mV} = 10 \text{ V}$$

となり，十分な比較出力ロジック信号として扱えます．

図7 フラッシュ型A−D変換の基本構成

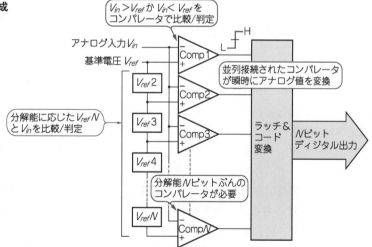

図8 フラッシュ型A−D変換の最小入力値はコンパレータのオープンループ・ゲインに依存する

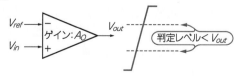

（a）A_O が $(V_{in} - V_{ref})$ に対して十分なとき

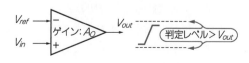

（b）A_O が $(V_{in} - V_{ref})$ に対して不十分なとき

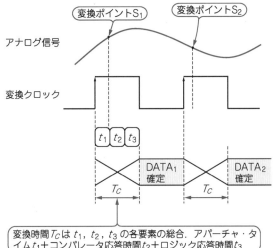

図9 フラッシュ型A-D変換の変換速度を決める要素

変換ポイントS₁　変換ポイントS₂

アナログ信号

変換クロック

t_1 t_2 t_3

DATA₁確定　DATA₂確定

T_C　T_C

変換時間T_Cはt_1, t_2, t_3の各要素の総合. アパーチャ・タイムt_1＋コンパレータ応答時間t_2＋ロジック応答時間t_3

しかし, $(V_{in} - V_{ref})$が1μVとなると,

$V_{out} = 10000 \times 1 \mu V = 0.01$ V

となり, 比較出力がロジック信号としては扱えないレベルになります. すなわち, アナログ入力値の最小値, 分解能のLSB相当の信号レベルはこのコンパレータのオープンループ・ゲインに大きく依存します. これらの関係を **図8** に示します.

したがって, 微小信号に対応するにはコンパレータのオープンループ・ゲインをとにかく大きくしなければなりません. このゲインを大きくする方法としては, シンプルに従属接続する, 正帰還をかけるなどの技術が用いられています.

▶ 速度

一方, フラッシュ型A-D変換の変換速度は, 多くの方式のなかで最高速であることは前述のとおりですが, 総合変換時間はおもに次の3要素で決定されます.

(1) アパーチャ・タイム(S&H回路)

(2) コンパレータ応答速度(A-D変換)

(3) ロジック回路応答時間(ディジタル回路)

この変換速度の各要素の概念を **図9** に示します. 図において, 変換クロックの立ち上がりから変換動作がスタートします. 実際にはアパーチャ・タイムt_1の遅延によって変換ポイントS_1のアナログ値を変換します.

分解能Nビットに対応したN個の各コンパレータはアナログ値S_1に対してそれぞれ比較/判定を実施しますが, 各コンパレータは入力-出力間の応答時間t_2を要します.

確定した各コンパレータの出力ロジック値はバイナリ・コードなどに変換されて出力されますが, このロジック部での応答速度t_3を経て最終的にS_1に対するディジタル・データDATA₁が確定します.

すなわち, 変換スタート・クロックから$t_1 + t_2 + t_3$の総合時間でデータが確定することになります(変換時間). 連続変換ではこれが繰り返されることになります.

● **フラッシュ型A-D変換の特徴**

フラッシュ型A-D変換の最大の特徴は高速変換ですが, その動作原理により, コンパレータの速度を高速化すると消費電力が大きくなってしまいます. コンパレータの個数が多くなれば消費電力はそのぶん大きくなってしまいます.

高分解能にするとコンパレータの個数がとても増えるのと, 比較基準電圧の生成が抵抗ネットワーク精度に依存するので高精度/高分解能には不向きとなります.

また, 各コンパレータの応答速度, 伝播時間のコンパレータ相互での時間差は出力コードに対してのエラーを発生させることがあります. これは高速という範疇においても応答速度の限界付近にまでサンプリング速度を高くすると現れやすい現象です.

これらのことから, フラッシュ型A-DコンバータICでは精度の仕様に, $ENOB$(有効ビット)とビット・エラー・レート(不確定な論理レベルが出力される確立)が代表性能で表記されている場合があります.

プリケーション上においてもフラッシュ型では

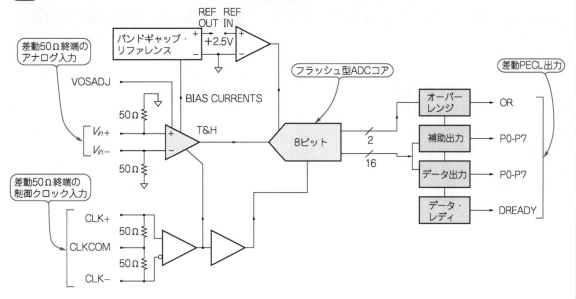

図10 フラッシュ型A-DコンバータIC MAX104の簡略等価回路(8ビット分解能, 1 Gsps；マキシム)

図11 LVDSの差動伝送の構成

$V = 3.5\text{mA} \times 100\,\Omega = 350\text{mV}$

$+I_{out} = 3.5\text{mA}$

ドライバ　$R = 100\,\Omega$　レシーバ

$-I_{out} = -3.5\text{mA}$

特別な条件を必要とします．アナログ領域での特別条件は，A-D変換回路の入力ドライブ回路です．フラッシュ型A-Dでは高速性と精度確保を目的に入力を差動形式にしているものや，A-Dコンバータ内のN個のコンパレータを直接ドライブしなければならない入力構成のものもあります．

また，フルスケール信号レベルはほとんどの場合で数百mVであり，差動(バランス)入力，コモン電圧処理を必要とするケースもあります．扱うアナログ信号の周波数領域は高周波領域(少なくとも数十MHz以上)なので，50Ω/75ΩのRF信号インピーダンス伝送が必要な場合もあります．すなわち，アナログ入力ドライブ回路としては十分な電流供給能力が要求されることになります．

図10にフラッシュ方式A-DコンバータIC MAX104(マキシム)の内部簡略等価回路を示します．このモデルでは，アナログ入力は50Ωで終端された差動入力，制御クロック入力も同様に50Ω終端の差動入力となっています．

もう一方のディジタル領域での特別条件は，LVDSというロジック・ファミリ形式です．LVDSは，Low Voltage Differential Signalingの略で，高速伝送用に伝送信号振幅レベルを数百mVにしてドライバ/レシーバともに高スリュー・レート・デバイスでなくても高速伝送を可能にしています．

図11にLVDSの伝送概念を示します．シングルエンドのロジック信号は，ドライバ部では差動動作に変換されて差動定電流出力I_{out}となります．インターフェースは差動動作のため2本のラインを必要とします．レシーバは入力部が終端抵抗$R = 100\,\Omega$が接続されます．したがって，伝送信号は$I_{oot} \times R$で電圧振幅になります．差動のため，最終的には$2I_{out}R$となります．

5-3 ハーフ・フラッシュ型/サブレンジング型A−D変換の動作

ハーフ・フラッシュ型とサブレンジング型，この2種類のA−D変換方式は，実は呼称が違うだけでどちらも同じ方式です．基本的には，フラッシュ型の高速性をやや犠牲にして高分解能化，高精度化を実現したA−D変換方式です．

図12 に，この変換方式の分解能Nビットでの基本構成を示します．メイン構成は，2個の(N/2)ビットのフラッシュ型A−Dコンバータ(8ビット分解能の場合なら4ビットのA−Dが2個)，(N/2)ビットのDAC，差分検出回路です．

動作は次のとおりです．入力信号Sは，まず上位(N/2)ビットのフラッシュ型A−Dコンバータでディジタル値に変換され，そのまま上位(N/2)ビットのデータとして出力されます．同時に，この上位(N/2)ビット・データは(N/2)ビットDACでアナログ値Aに変換されます．

このアナログ値Aは，上位(N/2)ビット分解能での入力アナログ値Sに近似した値となります．差分検出では，入力信号SとDAC出力アナログ値Aの差分(S − A)を抽出し，下位(N/2)ビットA−Dコンバータに伝送します．

すなわち，下位(N/2)ビットA-Dコンバータでは(S − A)値に対して(N/2)ビットのA-D変換を実行し，その結果を下位(N/2)ビット・データとして出力します．

したがって，上位(N/2)ビットでは粗い変換を実行し，上位で変換できないより細かい変換を下位(N/2)ビットで実行し，総合的にNビット分解能のA−D変換データを出力することになります．

図13 にハーフ・フラッシュ方式の8ビット高速A−DコンバータIC ADC0820(ナショナル セミコンダクター)のブロック図を示します．基本構成は，上位4ビット変換用フラッシュ型A−Dコンバータ，DAC，下位4ビット変換用のフラッシュ型A−Dコンバータであり，これは基本方式と同じです．

実際には，トラック&ホールド機能を有するコンパレータが組み込まれており，動作クロックで適切な動作タイミングが設定されるように動作しています．

図12 ハーフ・フラッシュ型A−D変換の基本構成

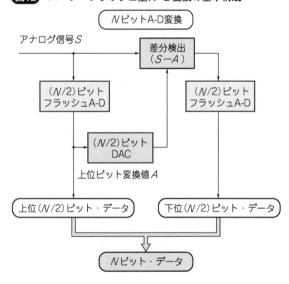

図13 ハーフ・フラッシュ型A−DコンバータIC ADC0820のブロック図(8ビット分解能；ナショナル セミコンダクター)

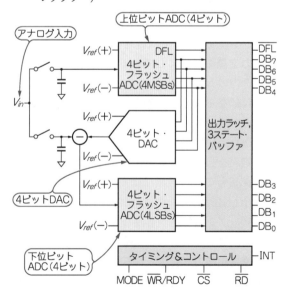

5-4

低分解能のA－Dコンバータを多段接続して変換する

パイプライン型A－D変換の動作

パイプライン型A－D変換方式もフラッシュ型をベースとした発展改良型と言える変換方式で，高分解能，高精度，高速性（純粋なフラッシュ型よりは遅い）を兼ね備えた変換方式です．

図14にパイプライン型A－D変換方式の基本構成を示します．この方式では，トラック＆ホールド回路（サンプル＆ホールド回路とほぼ同じ．高速A－D分野ではTrack and Holdで表現されることが多いのでここではT＆Hで表記），一般的に2ビットのフラッシュ型A－Dコンバータと DAC，差分検出回路，ゲイン・アンプで1ステージぶんの変換プロセスが構成されています．

この1ステージの構成は1ビットの分解能に相当し，A－Dコンバータの分解能がNビットであればN個のステージで全体が構成されます．

変換動作は，T＆H回路でのアナログ入力信号Sのホールドからスタートします．2ビットのA－Dコンバータは4値のディジタル値をもちます．これはフルスケール（FSR）信号に対して1/4ですので，入力信号がどの値の範囲内にあるかによって，4値のいずれかに変換（量子化）されてディジタル変換データとして出力されます．

このディジタル値は同時にDACによってアナログ信号に変換されて出力されます．このアナログ値は元のアナログ信号Sに対しての量子化誤差

を含んでいるので，元のアナログ信号Sと差分を検出すると，それは1ステージ目での量子化誤差となります．

この量子化誤差信号は，ゲイン・アンプで全体の振幅レベルを調整して次段の2ndステージに送られます．2ndステージでは，1stステージと同様の動作を実行し，2ビット目のディジタル変換データを得ます．以下，分解能Nビットに相応するNthステージ目まで順次同様の動作が繰り返されます．

すべての動作が終了すると，各ステージでラッチされたディジタル・データはディジタル領域で加算され，タイミングが制御されて最終的にNビットA－D変換データとして出力されます．エラー訂正は冗長ビットを利用し，各ステージでのゲインと量子化ディジタル・データの関係を整理して，データ加算値が正しく計算されるように動作しています．

● パイプライン型A－D変換の精度と速度

▶ 精度

パイプライン型A－D変換の精度は，T＆H回路とフラッシュA－Dコンバータ，DACのゲイン/オフセット誤差などの静特性および非直線性によって生じるTHD，$SFDR$などのダイナミック特性でほぼ決定されます．

図14 パイプライン型A－D変換の基本構成

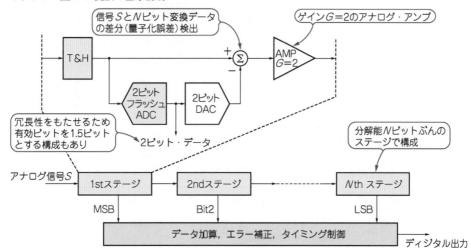

なかでもT＆H回路はアナログ回路であり，アナログ領域での特性が大きく影響します．**図15**にT＆H回路の動作等価回路を示します．図からわかるとおり，T＆H回路のほとんどは差動（バランス）構成となっていて，トラック/ホールド動作を切り替える多くのスイッチと信号をチャージ（ホールド）するキャパシタで構成されています．

スイッチはアナログ・スイッチであり，ON特性，OFF特性ともに電圧依存性を有しています．また，キャパシタ C_I，C_H も半導体プロセスで形成するキャパシタであり，印加電圧による容量依存性を有しています．すなわち，これらのコンポーネントの非線形要素はアナログ信号のトラック/ホールドにおいて重要な要素となります．実際のT＆H回路においては依存性に関するいろいろな解決策が講じられています．

▶ 速度

一方，変換速度はT＆H回路のアクイジション・タイム，セトリング・タイムと各ステージでのフラッシュ型A-Dコンバータ，DACの変換時間の総合が基本的な変換時間を決定します．ここで基本的な変換時間と表現したのは，パイプライン型A-D変換では分解能 N ビットに応じたステージ数で決定される変換サイクルがあることによります．これは方式上必要なものであり，避けることができません．

図15 トラック＆ホールド回路の動作等価回路

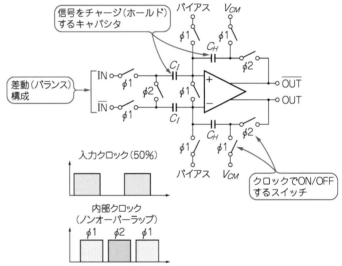

図16 パイプライン型A-D変換における動作タイミング（3ステージ構成の場合）

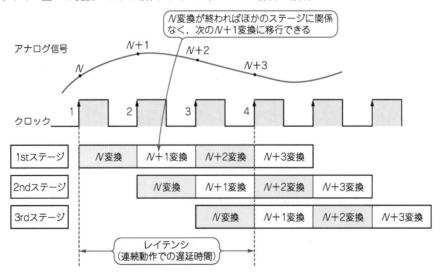

図16にパイプライン型A-D変換における3ステージ構成での動作タイミングの概念を示します．図中のクロックはすべての内部動作の基準となるクロックです．アナログ信号のA-D変換は，変換スタートから3ステージすべてで変換が終了するまでの時間を要します．

クロック1の立ち上がりでアナログ信号のサンプル点Nの変換がスタートします．ステージ1ではクロック2までにサンプルNの変換が終了し，クロック2の立ち上がりでは次のサンプルN+1，クロック3の立ち上がりではさらに次のサンプルN+2の変換を実行します．

ステージ2ではクロック2の立ち上がりでサンプルNの変換，クロック3の立ち上がりでサンプルN+1の変換，ステージ3ではクロック3の立ち上がりでサンプルNの変換と，順次繰り返しながら連続変換を行います．

最終的には，サンプルNに対して変換データが得られるまでの遅延時間が3クロックぶん生じます．この遅延時間はレイテンシで定義され，分解能やA-DコンバータICの回路構成，クロック条件などによって異なります．いずれにしろ，レイテンシは規定される基準クロックに対して，たとえば3.5クロック，8クロックなどと規定されます．当然，この基準クロックの速度が変われば時間も変わります．したがって，最高動作クロック

周波数がレイテンシでの変換時間の限度を決定します．

● パイプライン型A-D変換の特徴

パイプライン型A-D変換の特徴は，高速動作と高分解能，高精度をバランスよく実現しているところにあります．実際にはフラッシュ型で求められる高速変換のアプリケーションは限定されているので，一般的な高速/高分解能アプリケーションではパイプライン方式のA-DコンバータICが用いられています．

精度を仕様どおりに実現するための基本技術はフラッシュ型A-D変換と同様に，クロック精度とアナログ入力回路の処理にあります．ロジック・インターフェースでは，同様に高速変換でLVDS対応が要求される場合もあります．

アナログ入力回路は，パイプライン方式A-DコンバータICでは差動（バランス）入力となっているものがほとんどです．

A-DコンバータICの入力部はT&H回路（モデルによってスイッチト・キャパシタとも表現）ですが，差動動作におけるコモン電位V_{com}が入力信号コモンになるので，このコモン電圧の処理がアナログ入力回路で必要になるケースがあります．

また回路構成上，T&H回路の動作状態（トラック・モード/ホールド・モード）によって入力インピーダンス（主に入力容量）が変化するので，こ

図17 パイプライン型A-Dコンバータのアナログ入力信号回路の例

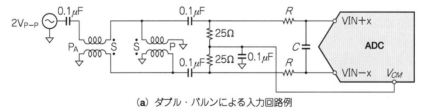

(a) ダブル・バルンによる入力回路例

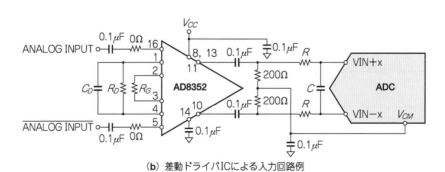

(b) 差動ドライバICによる入力回路例

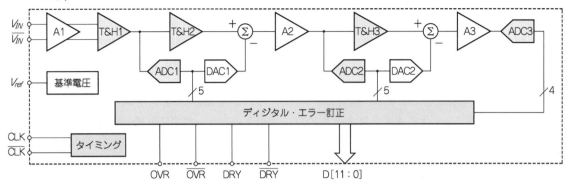

のキャパシタンス（通常10 pF以下）を十分にドライブする能力も要求されます．

図17にパイプライン型A-Dコンバータでのアナログ入力信号回路の例を示します．図において，バルン構成，差動アンプ構成のいずれも，A-DコンバータICからのコモン電圧出力V_{CM}を差動コモン電位にしています．また，入力端子VIN±x直前のCRコンポーネントはLPFを構成しますが，入力信号のフィルタリング機能のほか，A-DコンバータICの入力端子でのスイッチング・ノイズに対するフィルタリング機能も兼ね備えています．

図18に12ビット分解能，500 Mspsのパイプライン方式A-DコンバータIC ADS5463（テキサス・インスツルメンツ）の内部構成を示します．2ステージのマルチビット・パイプライン・ステージと4ビットA-Dコンバータで構成されており，高速性実現のための応用型構成となっていることがわかります．

差動クロック・ドライバ column

パイプライン型A-Dコンバータでは，内部動作用に基準クロックの立ち上がり/立ち下がりの両エッジを使用しているのが一般的です．各社のパイプライン型A-Dコンバータのデータシートにはクロックのドライブ条件について詳しく記述されています．

ここでは，AD9460（アナログ・デバイセズ）のデータシートに記載されているクロック・ドライブ回路を紹介します．

図Aは水晶発振のクロック・ソースをトランスでシングルエンド信号から差動信号に変換しています．両方向に接続されたショットキー・ダイオードは，A-DコンバータのCLK±端子に入力されるクロック信号を0.8 V_{p-p}差動に制限し，クロック信号が内部の他の部分に影響しないようにしています．

図Bはもう一つのクロック・ドライブ方法です．この方法では，差動ECL/PCEL信号をバッファ・ドライブからACカップリングでA-DコンバータのENCODE，$\overline{ENCODE}$両端子に入力することによって内部動作を最適化しています．

いずれの場合も，クロックが差動であることが重要なファクタで，同相ノイズの影響を最小限に抑えることができます．

図A トランスによる差動クロック・ドライブ

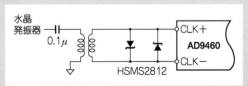

図B ACカップリングによるドライブ

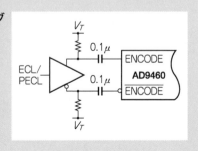

5-5 デルタ−シグマ型A−D変換の動作

デルタ−シグマ型A−D変換方式は，アナログ的高精度を要求されない回路要素で高精度A−D変換を可能とする変換方式です．方式としての表現では，シグマ−デルタ方式，1ビット方式，ノイズ・シェーピング方式などと表されることもあります．

ここでは，これを統一してデルタ−シグマ型（以下，ΔΣで表記）で表すこととします．また，

ΔΣ方式をΔΣ変調，ΔΣ変調器（ΔΣ modulator）と表すこともあります．

図19 にΔΣ型A−D変換方式の基本ブロック図を示します．ΔΣのΔ（デルタ）は差分検出動作で，Σ（シグマ）は積分（ローパス・フィルタ）動作を意味しています．量子化器は1ビットA−Dコンバータで，H/Lの2値のみを表現します．1ビットA−DコンバータのH/Lのデータは，1ビットDACでH/Lの2値いずれかで入力にフィードバックされます．

この1サイクルの動作はサンプリング・クロックnf_Sで実行され，nf_Sはオーバーサンプリング周波数と定義されます．

アナログ入力信号は，nf_Sのサンプリング・レートでΔΣ変調されたディジタル信号パルス列に変換されます．別の表現では，パルス幅変調（Pulse Width Modulation）波に変換する動作と言えます．

図20 はΔΣ変調の動作を量子化雑音のスペクトラム分布で示したものです．サンプリング周波数f_SでのA−D変換における量子化ノイズは$f_S/2$までに分布しますが，この量子化雑音Q_Nのレベ

図19 ΔΣ型A−D変換方式の基本ブロック図

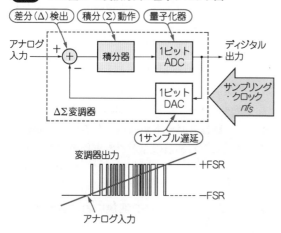

図20 ΔΣ変調の量子化雑音のスペクトラム分布

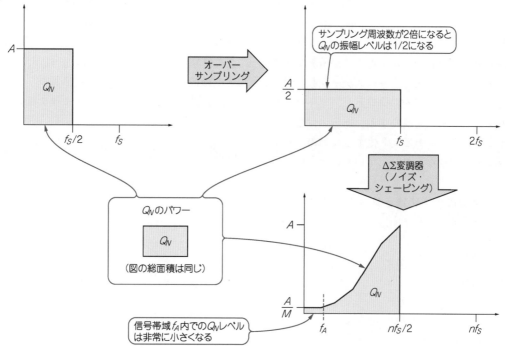

ルは，第4章の式(2)，式(3)で表されます．

分解能が高い場合は，量子化雑音 Q_N も分解能相応に低レベルにあります．ところが，ΔΣ変調では一般的に量子化は1ビット（2値）しかなく，1ビットのA-D変換での量子化レベルは実用レベルにはありません．ダイナミック・レンジで表現すれば，1ビットでのダイナミック・レンジは 6.02 + 1.78 = 7.8 dB しかありません．

一方，サンプリング・レートを2倍の $2f_S$ にすると，量子化雑音 Q_N の総合パワーは同じですが，周波数軸が2倍の f_S までにスペクトラム分布がシフトし，そのぶん振幅軸の量子化雑音レベルは元のレベル A に対して1/2の $A/2$ に減少します．これの意味するところは，量子化が数ビットであってもサンプリング・レート nf_S を2倍，10倍，100倍，1000倍と高くする（オーバーサンプリング）ことによって，信号帯域内の量子化雑音振幅レベルを実用的なレベルに下げることができることになります．実際には，1000倍とかのオーバーサンプリングも非現実的ではありません．

ここで，ΔΣ変調の登場です．ΔΣ変調では量子化雑音の分布を変形させる動作を実行します．すなわち，信号帯域 f_A 内では16ビットや20ビット分解能相応の量子化雑音レベルにし，不必要な帯域外でそのぶん量子化雑音レベルを大きくすることで，実用的な量子化雑音分布が得られます．

この動作は，量子化雑音を「変形」させることから，ノイズ・シェーピング（noise shaping）とも表現されています．このΔΣ変調は，1個では実用的な量子化雑音レベルを得るのが困難であるため，カスケード接続のようにステージ数（次数）を2次，3次，4次と高次の構成とし，オーバーサンプリング・レートを高くする，あるいは量子化器の1ビットをマルチビット化するなどのバリエーションで実用的なものとしているのが一般的です．

ΔΣ変調での量子化雑音レベルを S/N で表現すると，下式で表されます．

$$S/N_{(M=1)} = 10 \log \left\{ \frac{9}{2\pi^2} (2^N - 1)^2 K^3 \right\} \quad \cdots (2)$$

M：次数
N：量子化ビット数
K：オーバーサンプリング・レート

ここで，$N = 1$ であれば，

$$10 \log \left\{ \frac{9}{2\pi^2} K^3 \right\} = -3.4 + 30 \log K \ [\text{dB}]$$

また，2次の場合は，次式で表されます．

$$S/N_{(M=2)} = 10 \log \left\{ \frac{15}{2\pi^4} (2^N - 1)^2 K^5 \right\} \quad \cdots (3)$$

ここで，$N = 1$ であれば，

$$10 \log \left\{ \frac{15}{2\pi^4} K^5 \right\} = -11.1 + 50 \log K \ [\text{dB}]$$

となります．これをグラフで表すと 図21 のように示すことができます．

オーバーサンプリング・レートは，基準となるサンプリング・レート f_S で決定される $f_S/2$ の信号帯域周波数にも依存します．たとえば，DVDディジタル・オーディオでの基準サンプリング・レート f_S は $f_S = 48$ kHz ですが，128倍オーバーサンプリングであれば，

$nf_S = 128 \times 48$ kHz $= 6.144$ MHz

最も高品位な $f_S = 192$ kHz のモードでは，

$nf_S = 128 \times 192$ kHz $= 24.576$ MHz

となり，動作スピードが高速となるので，回路やプロセスによる制限のなかで要求仕様に対して最適な次数とオーバーサンプリング・レートが決定されます．

● デルターシグマ型A-D変換におけるディジタル・フィルタ

ΔΣ変調のディジタル出力は1ビット，nf_S の信号であり，この信号を直接信号処理することは一般的なディジタル信号制御のフォーマットが異なるので，これを一般的なバイナリ関係のディジタル信号に変換する必要があります．

この機能を果たすのがディジタル・フィルタで，図22 にディジタル・フィルタの構成と動作

図21 オーバーサンプリング・レートと S/N の関係

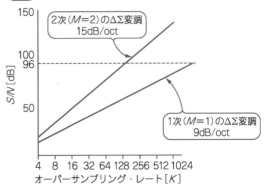

2次（$M=2$）のΔΣ変調
15dB/oct

1次（$M=1$）のΔΣ変調
9dB/oct

S/N [dB]

オーバーサンプリング・レート[K]

図22 ディジタル・フィルタの構成と動作

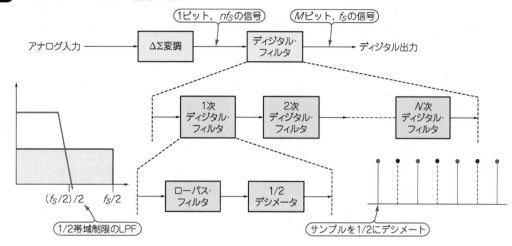

の概念を示します．ディジタル・フィルタの最小構成単位はローパス・フィルタ(LPF)とデシメータ(decimator)です．デシメータはサンプル数列を1/2にデシメート，すなわち元のf_Sを$f_S/2$に(サンプリング・レートを半分に)します．サンプリング・レートが半分になると，ナイキスト定理からそのままではエリアシングが発生してしまいます．

これを避けるために，デシメーション動作の前段にスペクトラム帯域を1/2に帯域制限するローパス・フィルタが用いられます．このローパス・フィルタとデシメータの1ステージ(1次)をN個カスケード接続する(N次)ことによって，所定のサンプリング・レートf_Sを得ることができます．たとえば，64倍オーバーサンプリングであれば，$64/2 = 32$，$32/2 = 16$，$16/2 = 8$，$8/2 = 4$，$4/2 = 2$，$2/2 = 1$という手順で最終的に$1f_S$の信号を得ます．

このローパス・フィルタ＋デシメータの構成の工程で，所定の分解能Mビットのバイナリ関係の信号に変換されます．

ディジタル・フィルタにおけるローパス・フィルタについてもう少し詳しく説明します．ディジタル領域でのフィルタリングには，離散信号の数学的処理が必要になります．アナログ・フィルタと同様に，通過帯域，通過帯域リプル，阻止帯域，阻止帯域減衰量の各性能仕様が存在します．

急峻なフィルタ特性を得るにはフィルタ次数を高くしなければならないことも，アナログ・フィルタと同様です．ここで，フィルタ次数(段数)は信号遅延に直接影響します．ディジタル・フィルタにおいては，動作クロックでディジタル信号処理動作を実行するので，次数とクロック周波数で遅延時間は変わります．ディジタル・フィルタの

図23 実際のΔΣ型A-Dコンバータのディジタル・フィルタの特性例

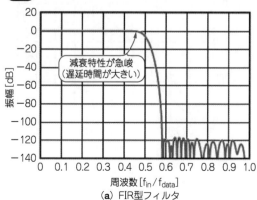

(a) FIR型フィルタ

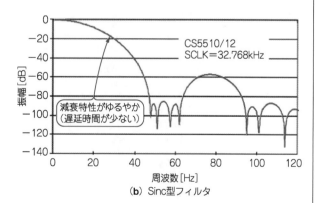

(b) Sinc型フィルタ

アーキテクチャとしては,

(1) FIR(Finite Impulse Response)型
(2) IIR(Infinite Impulse Response)型
(3) Sinc型

などの種類があります. 高次のフィルタではFIR型が一般的に用いられます. また, 特定周波数(一定の繰り返し周波数)に対して大きな減衰量をもつフィルタはSinc型となります.

図23に, 実際のΔΣ型A-Dコンバータにおけるディジタル・フィルタの特性例を示します. FIR型においては次数が高い(フィルタ段数が多い)ぶん減衰特性は急峻ですが, 遅延時間は多くなります. Sinc型においては次数が低い(フィルタ段数が少ない)ぶん減衰特性はゆるやかですが, 遅延時間は少なくなります.

この特性の差異は, アプリケーションによって要求性能が異なるので, A-DコンバータICによってはどちらかを選択できるものもあります. また, Sinc型など遅延時間の少ないフィルタは"Low Latency"として規定, 表現されているのが一般的です.

● **デルタ-シグマ型A-D変換の精度/変換速度**
▶ 精度

ΔΣ型A-Dコンバータの精度は, ΔΣ変調の理論量子化雑音(SNR, ダイナミック・レンジ)特性で決定(ΔΣ変調の次数, 量子化ビット数, オーバーサンプリング・レートの基本要素)されるディジタル領域での精度と, 実際のアナログ入力フロントエンド部でのアナログ的精度(ゲイン誤差, 非直線性など)の二つの要素の総合になります.

サンプリング・レートに対するデシメーション比も, 信号帯域とともにダイナミック・レンジ(SNR)に影響します.

量子化雑音を含む雑音特性は帯域幅BWとの関数になるので, 帯域幅の範囲に影響します.

▶ 速度

一方, ΔΣ型A-Dコンバータの変換速度は, 信号帯域fとオーバーサンプリング・レートnf_Sで決定される理論要素と, ディジタル・フィルタでの遅延時間(レイテンシ)の総合となります. 実際にはディジタル・フィルタでの遅延時間が変換時間のほとんどを支配します.

● **デルタ-シグマ型A-D変換の特徴**

ΔΣ型A-Dコンバータの特徴は, 16~24ビット程度の高分解能/高精度を実現できることにあります. これはΔΣ型変調器の動作からもわかるとおり, 回路構成上でアナログ的(ゲイン誤差, 非直線性, 雑音など)な高精度をほとんど必要としないことによります.

アナログ的精度に関しては, ΔΣ変調器の入力部分, アナログ・フロントエンド回路のアナログ

図24 代表的なΔΣ型A-DコンバータICの入力等価回路例と入力容量, ソース抵抗によるFSRレベルに対する誤差特性例

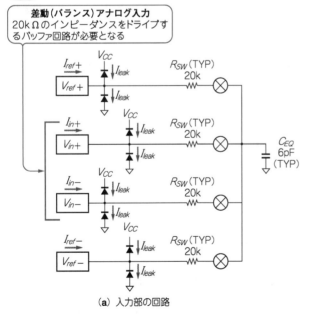

(a) 入力部の回路

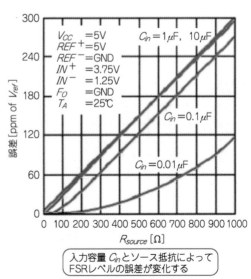

入力容量C_{in}とソース抵抗によってFSRレベルの誤差が変化する

(b) 誤差特性

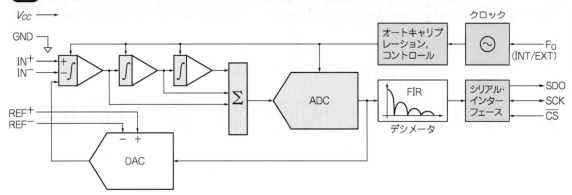

図25 ΔΣ型A-DコンバータIC LTC2410のブロック図（24ビット分解能；リニアテクノロジー）

精度に依存することになります．高分解能/高精度を実現するには差動（バランス）入力が重要なのと，アナログ入力レンジを外部リファレンス電源で決定するものもあります．

図24に代表的なΔΣ型A-DコンバータICの入力等価回路例と入力容量C_{in}，ソース抵抗によるFSRレベルに対する誤差特性例を示します．すなわち，アナログ的特徴はアナログ入力回路の重要性にあります．

また，ΔΣ変調器-ディジタル・フィルタの構成から，1サンプルに対して1データ出力という1対1の関係は高速変換ではできないので，変換速度はたとえば100サンプル/秒などと比較的遅いものとなります．

ディジタル・フィルタのレイテンシを選択できるA-DコンバータICもありますが，レイテンシはΔΣ型A-D変換での特徴になりますので，要求アプリケーションに応じたモデルの選択が必要です．

図25に，24ビット分解能ΔΣ方式A-DコンバータIC LTC2410（リニアテクノロジー）のブロック図を示します．

このモデルでは，高分解能/高精度を得るためΔΣ変調は3次のΔΣ変調器が用いられており，内部DAC側に供給されるリファレンス電圧でアナログ振幅レベルを可変することによってA-Dコンバータとしてのフルスケール入力レベルを制御しています．

5-6
アプリケーションの要求に適した変換方式を選択する
A-D変換方式のまとめ

ここまで説明したとおり，A-Dコンバータの変換方式にはいくつかの種類があり，分解能（精度）と速度のパラメータで変換方式による特徴があります．

図26に，A-D変換方式による分解能［ビット］と変換速度（サンプリング・レート［Hz］）をパラメータにしたダイヤグラムを示します．

また，同時サンプリング，多チャネル対応，遅延時間などの実アプリケーション上の要求があるので，それらに応じたA-DコンバータICの選択をします．

図26 A-D変換の方式による分解能と変換速度

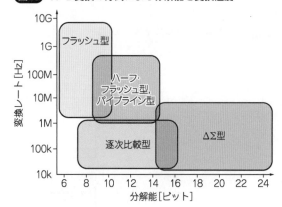

第**6**章
コンバータICの性能を最大限に引き出すために

A-Dコンバータ周辺の回路設計の基礎

　本章においては，実際にA-Dコンバータを使用したA-D変換回路を設計するうえでの基礎技術について解説します．A-D変換システムにおいては，前段のアナログ信号処理回路が重要であることは第2章で解説したとおりですが，本章ではA-DコンバータICの使いこなしを含めて，A-Dコンバータ応用システム設計でのキーポイント別に，それぞれ詳しく解説します．

6-1 　　アナログ部の電源仕様と電源電圧除去比
電源がA-D変換の精度を左右する

● A-Dコンバータの電源

　図1にA-DコンバータICと電源接続の概念を示します．実際にはディジタル部のためのディジタル電源も存在しますが，ここではアナログ部にフォーカスしています．

　まず，A-DコンバータICですが，電源からの負荷としてとらえれば負荷インピーダンスZ_Lに置き換えることができます．供給される電源によって，A-Dコンバータ内部のアナログ部ではリファレンス回路REFによって内部動作の基準電圧V_{ref}を生成すると同時に，アナログ部の動作電源を供給します．すなわち，A-Dコンバータの規定精度を得るために必要なアナログ部回路は供

給される電源で動作しています．

　一方，電源側は定格出力電圧V_Oと消費電流I_Oに対して十分に余裕のある定格出力を仕様として満足しなければなりません．理想状態での電源表示は，この電圧/電流の仕様ですが，実際には電源インピーダンスZ_Pとリプル，ハム，ノイズなどの交流雑音要素V_Nを含んでいます．これらの要素は固定されたものでないことにも注意する必要があります．

　A-DコンバータICは，動作状態によって消費電流I_Oが変化します．これは電源側から見た負荷Z_Lが変化することであり，この変化がダイナミックに発生する場合は電流I_Oに対しての追従

図1 A-DコンバータICと電源の接続

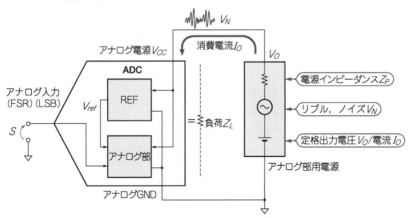

性，優れた過渡応答特性が要求されます．

● 電源電圧除去比

　仕様説明の項目では規定しているものが少ないので省略しましたが，A−DコンバータICの特性において電源電圧変動に対する仕様は多く存在します．たとえば，オフセット誤差対電源電圧特性，直線性誤差対電源電圧特性などです．

　しかし，ここでは特性条件での電源に対する仕様として，電源電圧除去比（Power Supply Rejection Ratio；$PSRR$）について解説します．**図2**に$PSRR$のテスト構成と，実際のA−Dコンバータでの標準的な特性グラフをそれぞれ示します．前述の対電源電圧特性はDC特性としての電源電圧に対する特性を規定したものですが，$PSRR$特性は電源に重畳されているノイズやリプルなどの影響を規定したもので，ここが大きな違いです．

　$PSRR$の定義は，

$$PSRR = 10 \log \left(\frac{P_F}{P_S} \right) \quad \cdots\cdots\cdots\cdots\cdots\cdots (1)$$

　P_F：基準サンプリング動作での信号レベル

　P_S：テスト信号を印加したときの信号変動

で表すことができます．

　基準サンプリング動作でのフルスケール信号V_{FSR}値は通常は一定ですが，規定のテスト信号を電源に印加するとV_{FSR}値が変動します．$PSRR$が高い（性能が良い）ということは，電源に重畳されているリプルやノイズの性能への影響が小さいということになります．

　テスト信号はメーカやモデルによって規定条件が異なりますが，標準的にはDC電源に振幅が数百mV，周波数が数十Hz〜数百kHzのサイン波信号を重畳したものが用いられます．周波数パラメータは，たとえば50/60Hzの電源ハム，リプル要素，電源構造による数kHz〜数百kHz帯域のノイズ要素をカバーするためのものです．なお，ここでは単一電源での例を示しましたが，バイポーラ電源（±電源）の場合は＋側と−側で$PSRR$は異なります．

　$PSRR$の影響について別の表現をすると，電源にはDC成分と同時に雑音要素V_NのAC成分が重畳されていることになり，$PSRR$はこの雑音要素V_Nをどのくらい除去できるかを意味します．

　具体的な例として，アナログ入力信号のフルスケール・レベルFSRに対して，分解能で決定す

る最小信号であるLSB振幅レベルは，FSRレベルを1Vとすれは単純計算で，

　　8ビット　：3.9mV

　　12ビット：244μV

　　16ビット：15.3μV

となります．かりに$PSRR$が40dB（V_Nの1％が影響する）とすれば，V_Nが10mVならば，

　　10mV × 0.01 = 0.1mV

すなわち，0.1mVが影響されるレベルになります．この影響レベルは8ビット精度ではほとんど無視できますが，12ビット精度ではLSBの半分，16ビット以上では数LSB以上の影響レベルとなります．したがって，電源に含まれる雑音要素V_Nは高精度A−D変換においては極めて重要な要素となります．

　電源に求められるノイズ仕様は使用するA−DコンバータICの$PSRR$と大きく関係し，$PSRR$を確認して，要求精度を確保できるだけの仕様を確認しなければなりません．

図2 $PSRR$のテスト構成と標準的な特性例

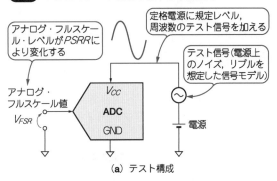

（a）テスト構成

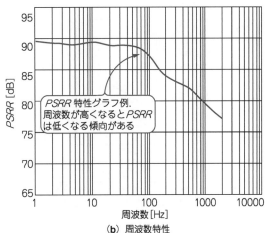

（b）周波数特性

実際の電源回路はそのシステムによりますが，電源トランス，整流回路，安定化回路で構成されるのが一般的です．また，システムに要求される電源系統も単一の場合や複数の場合が存在し，複数の場合はそれらの電源系統を総合的に制御するパワー・マネージメント回路も含まれます．

● **リニア方式とスイッチング方式**

ここでは，電源回路の各構成のなかでも主に安定化電源回路について解説します．安定化電源回路の主流は電源レギュレータICであり，特殊な場合を除いてほとんどレギュレータICが用いられています．このレギュレータICはその動作から，おもに次のように2種類の方式に大別されます．

(1) リニア・レギュレータIC

(2) スイッチング・レギュレータIC

リニア・レギュレータはシリーズ・レギュレータとも表現される場合があります．また，スイッチング・レギュレータは昇圧型（入力電圧より出力電圧が高い）と降圧型（入力電圧より出力電圧が低い）がありますが，ここでは降圧型を想定します．

このレギュレータICの動作方式にはそれぞれの特徴があります．**図3**にリニア・レギュレータとスイッチング・レギュレータの特性比較を示します．A-D変換回路における重要な要素である出力電圧の安定度，出力リプル・ノイズの特性

ではリニア・レギュレータのほうが優れていることがわかります．効率，放熱効果ではその動作原理からスイッチング・レギュレータのほうが優位です．

各方式の動作概念について**図4**に示します．リニア・レギュレータはトランジスタのV_{CE}-V_B特性（リニア特性）を利用し，誤差検出回路でこれを制御する方式です．

一方，スイッチング・レギュレータはPWM（Pulse Width Modulation）制御（スイッチング動

図3 リニア・レギュレータとスイッチング・レギュレータの特性比較

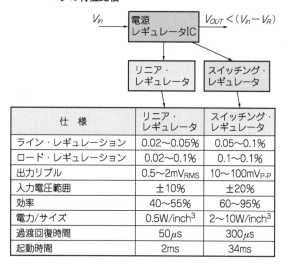

仕　様	リニア・レギュレータ	スイッチング・レギュレータ
ライン・レギュレーション	0.02〜0.05%	0.05〜0.1%
ロード・レギュレーション	0.02〜0.1%	0.1〜0.1%
出力リプル	0.5〜2mV$_{RMS}$	10〜100mV$_{P-P}$
入力電圧範囲	±10%	±20%
効率	40〜55%	60〜95%
電力/サイズ	0.5W/inch^3	2〜10W/inch^3
過渡回復時間	50μs	300μs
起動時間	2ms	34ms

図4 リニア方式とスイッチング方式の動作

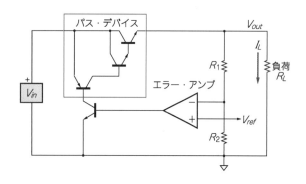

パス・デバイスはシリーズ接続（リニア動作）であり，エラー・アンプで常時誤差を検出して安定化する

(a) リニア・レギュレータ

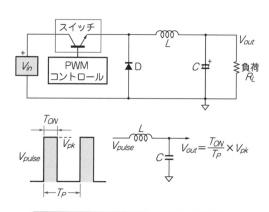

スイッチング動作でPWM波を制御し所定の電圧を得るが，LCによるフィルタが必要となる

(b) スイッチング・レギュレータ

作)で所定の電圧を得る方式なので，スイッチング波の最終的な平滑回路(*LC*フィルタ)が必要となります．このスイッチング動作(ノイズ発生)がないことでもリニア・レギュレータ方式での電源回路構成がA-D変換回路用には推奨できます．

● **アナログ電源とA-D変換部の接続**

図5にリニア・レギュレータによるバイポーラ(±5V)安定化電源回路例とA-D変換部との接続の概略を示します．

安定化電源回路は，リニア・レギュレータICとして最も汎用的に用いられている3端子レギュレータを用いています(78xxは正電圧用，79xxは負電圧用，0.1Aから1Aまでの出力電流に対応)．3端子レギュレータの入力部と出力部には，十分なリプル除去のために少なくとも入力側では1000μF以上，出力側では470μF以上の容量をもつアルミ電解コンデンサを接続します．

また，入力部では主に整流スイッチング成分の除去用に0.1μF，出力側では主に高周波帯域でのノイズ除去用に0.01μFのフィルム・コンデンサを並列接続します．

出力側の22kΩ抵抗は，電源OFF時にコンデンサにチャージされた電荷をディスチャージするためのものです．この抵抗がないと，電源OFF時にA-DコンバータICと3端子レギュレータにチャージされた電圧が印加されることになり，場合によっては誤動作や破壊といったトラブルが発生します．

3端子レギュレータの選択においては，ロード・レギュレーション，負荷変動に対する安定性と出力リプル，ノイズの少ないものを使用します．

安定化電源回路とA-D変換回路間の電源接続も重要です．安定化電源回路とA-D変換回路は実装上別基板であったりし，同一基板上でも距離が離れているケースが存在します．安定化電源回路のグラウンド(GND)は，そのシステム全体のメインとなる基準グラウンド(基準GND-1)となります．

一方，A-D変換部(アナログ入力回路を含む)ではA-D変換回路としての基準グラウンド(基準GND-2)が存在します．安定化電源回路からA-D変換部への電源供給(電源接続)では，とにかく低インピーダンス接続が絶対条件です．バイポーラ電源ではその負荷となるA-DコンバータICが+側の消費電流+I_Cと-側の消費電流-I_Cが同じ電流値となることはほとんどないので，その差成分は常時グラウンドに流れることになります．

すなわち，グラウンドは基準電位点という要素と電源電流パスという要素をもっており，グラウンド・ラインあるいはパターンが貧弱だと電位差の発生とともにノイズ，リプル・エネルギーを吸収しきれなくなり，結果的に変換精度に影響します．

図5 リニア・レギュレータによる±5V安定化電源回路例とA-D変換部との接続例

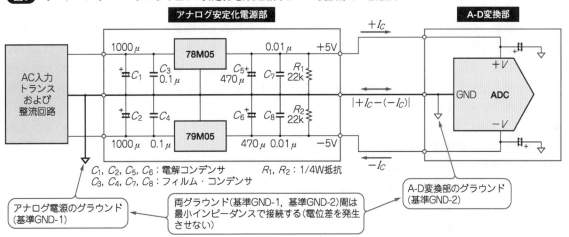

C_1, C_2, C_5, C_6：電解コンデンサ R_1, R_2：1/4W抵抗
C_3, C_4, C_7, C_8：フィルム・コンデンサ

A-Dコンバータ周辺のプリント基板設計

アナログ信号処理を含むA-D変換システムの設計では回路設計も重要ですが，アナログ回路（A-D変換回路もアナログ回路）においては「実装」状態での動作，特性への影響が必ず存在します．すなわち，規定あるいは設計仕様どおりの動作，特性，精度を得るには実装設計，プリント基板のパターン・レイアウト設計が非常に重要な要素となります．

プリント基板のパターン・レイアウト設計では，一度決定した仕様でプリント基板を製造してしまうと，小手先の手直しが効かないということも念頭においておく必要があります．試作などの段階において回路定数の変更が必要な場合は，その部品を置き換えることで対処可能ですが，パターン・レイアウトの変更には多くの労力と製造という手間がかかります．

したがって，結線ミスなどの初歩的なミスは当然として，所定の精度を得るための慎重な設計をしなければなりません．ここで問題なのは，たとえば，グラウンド・パターンの面積が何mm²，パターン線幅が何mm，バイパス・コンデンサと端子の距離が何mmとかの実際の物理的な数値が規定しにくいことです．「なるべく広く」とか，「最短距離で接続」とか，やや抽象的な表現しかできないところにあります．

このことは，設計者個人によってこれらのとらえかたに個人差が生じるのは避けられないので，パターン設計への実際の推奨，注意点の実行の程度にも差が生じてしまいます．それを踏まえても，具体的設計例の表現では抽象的なものとなってしまうことがありますが，設計者はその事項を最大，最優先の順位で実行することが必要です．

● プリント基板のレイヤ(層)と仕様

プリント基板には材質と厚さ，配線銅箔の厚さ，レイヤ数(層数)といった基本的な仕様があります．

基板材質の違いは絶縁抵抗の差異で，微小信号を扱う場合のリーク電流などが精度に影響するので質の良い材質が必要です．おもなプリント基板材質としては次のようなものがあります．

(1) 紙フェノール(ベーク)基板

紙にフェノール樹脂を含浸させたもので，安価であるが片面構造のみなので高精度対応には不向きです．

(2) 紙エポキシ基板

紙にエポキシ樹脂を含浸したもので，紙フェノールよりはやや優れているが，これも片面構造がほとんどなので不向きです．

(3) ガラス・エポキシ基板

ガラス繊維クロスにエポキシ樹脂を含浸したもので，電気的特性，機械的特性ともに優れているので両面，多層基板では主流となっています．高精度アナログ分野では最低限，この材質グレードが必要です．

(4) テフロン基板

絶縁材料にテフロン樹脂を用いたもので，絶縁特性としては最も優れています．超微小信号，高精度アナログ信号処理，高周波領域でのアプリケーションでよく用いられます．

プリント基板材質と同時に，配線(printed circuit)においては最小配線ピッチ，パターン線幅が配線密度に影響します．

また，配線材料は銅箔が一般的ですが，銅箔の厚み($35\,\mu\mathrm{m}$，$70\,\mu\mathrm{m}$など)は体積抵抗率でのパターン配線抵抗を左右するので，特に低抵抗が要求される場合は銅箔の厚みを多くすることが必要です．

設計するシステムはA-D変換回路のみでなく，ディジタル部を含めた総合機能(システム)で一つの基板を構成するのが一般的です．したがって，プリント基板の材質や仕様については，コストや生産性との兼ね合いも含めて最適なものを使用することになります．こうした背景はあるものの，高精度/高速A-D変換においては，両面(2層)以上のガラス・エポキシ基板を用いることが推奨されます．

図6に，片面(1層)，両面(2層)，多層での各セクションの配置例を示します．

1層(片面)の場合は，電源，グラウンド，配線(回路接続)の各機能はすべて同一層上に混在するので，アナログ-ディジタル間の分離や最適な部品配置などの面で不利になります．このことは高精度という観点でも不利になるため，高精度A-

図6 1層，2層，多層での各セクションの配置例

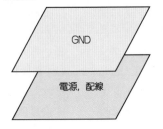

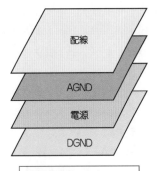

電源，GND，回路接続が混在
するので精度の観点では不利

1層はGND.
1層は電源，回路接続.
精度の観点では最低限必要

1層はAGND.
1層はDGND.
1層は電源.
1層は回路接続.
精度の観点では理想に近い

(a) 1層(片面)基板　　　　　　(b) 2層(両面)基板　　　　　　(c) 多層基板

D変換にはあまり推奨できません.

　2層(両面)の場合のセクション配置は高精度
A-D変換では最低限必要な条件となります. グ
ラウンド・プレーンは所定の精度を実現するうえ
での重要なファクタとなります. したがって, 2
層の場合, その1層はグラウンド・プレーンとし
て用い, 電源, 配線をもう1層に配置して使うの
が一般的手法でかつ推奨されます.

　多層基板は高精度/高速(特に高周波領域まで扱
う場合)アプリケーションで用いられるもので,
電源, グラウンド(AGNDとDGND), 配線とい
った各セクションを完全に独立したレイヤで構成
できるので, ほぼ理想的な実装が可能となります.
ただし, コストと設計の手間はほかのケースより
高くなります.

● A-DコンバータはアナログIC

　A-Dコンバータの機能はAnalog-to-Digital
変換なので, 入力信号はアナログ, 出力信号はデ
ィジタルなのは当然です. 機能としてアナログ部

とディジタル部が混在しているデバイスがA-D
コンバータIC(D-Aコンバータも同様)であり,
アナログとディジタルの扱いを回路および基板パ
ターン・レイアウト上でどうするかが重要な問題
となります.

　実際のシステムにおいては, 回路機能でアナロ
グ・セクションとディジタル・セクションに大別
できます. 当然, A-Dコンバータはアナログ・
セクションに配置されるべきものですが, A-D
コンバータICのタイプによって実装配置は主に2
種類が存在します. ただし, 基本的にはA-Dコ
ンバータICはアナログ素子であるという前提で
の扱いが必要です.

　図7 にA-DコンバータICのセクション配置
例を示します.

　図7(a) は通常の場合で最も推奨される配置で
す. A-DコンバータICはアナログ・セクション
内にすべて配置されます. A-DコンバータICの
アナログ・グラウンドAGND, ディジタル・グ

図7 A-DコンバータICのセクション別の配置例

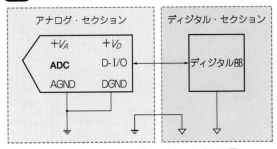

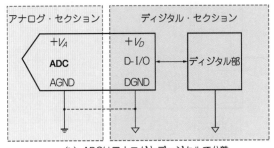

(a) ADCは完全にアナログ・セクション内に配置　　　　　　(b) ADCはアナログとディジタルで分離

ラウンドDGND（GNDが一つの場合もある）は共通接続でアナログ・セクションのグラウンドに接続されます．ディジタル部とのインターフェースは行われますが，ディジタル・セクションのグラウンドとは別グラウンドで，リターン・パスとしてアナログ・セクションのグラウンドとディジタル・セクションのグラウンドがワンポイントで接続されます．

図7(b) はA-Dコンバータのアナログ部規模，ディジタル部規模がともに大きい場合，あるいはそのA-Dコンバータの使用法として推奨されている場合の配置です．

このケースでは，A-Dコンバータのアナログ部はアナログ・セクションに，ディジタル部はディジタル・セクションにそれぞれ配置するもので，AGNDはアナログ・セクションのグラウンドに，DGNDはディジタル・セクションのグラウンドにそれぞれ接続されます．この配置ではA-DコンバータICのパッケージでもピン配置がアナログ部，ディジタル部で区別されているので，それに応じたパターン・レイアウトの設計が可能です．

● **電源デカップリング・コンデンサ**

A-DコンバータICの電源は，単一電源，バイポーラ電源，複数電源などデバイスによって数種類ありますが，いずれの場合も各電源端子には電源デカップリングのためのコンデンサ（バイパス・コンデンサとも呼ぶ）が接続されています．

それでは，この電源デカップリング・コンデンサがない場合のICデバイスの動作がどうなるかというと，結論としては「精度が出ない」あるいは「精度以前に誤動作を起こす」ことになります．それだけ電源デカップリング・コンデンサの果たす役目は重要です．

図8 に電源デカップリング・コンデンサの接続と基本概念について示します．

図8(a) は，LTC2309（リニアテクノロジー）のブロック・ダイアグラムと基本接続です．電源端子は AV_{DD}，DV_{DD} の2端子があり，共通接続で＋5Vが供給されています．一方，AV_{DD}，DV_{DD} の各端子は内部動作（たとえば逐次比較型ではクロック・タイミングでS&H切り替え，逐次比較動作）で発生するスイッチング・ノイズが端子に現れます．

すなわち，両電源端子は内部ノイズ・ソースに接続されていると解釈することもできます．この端子に現れたノイズ成分を除去しなければなりません．

また，電源に含まれるハム・ノイズ（主に50Hz/60Hzおよびその高調波成分）は電源端子で除去し，内部に伝達されないようにしなければなりません．

(1) 内部動作で発生するノイズ除去
(2) 供給電源に含まれるハム・ノイズ除去

図8 電源デカップリング・コンデンサの接続方法

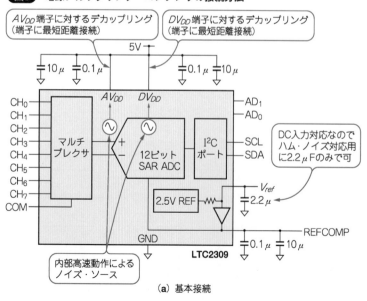

(a) 基本接続

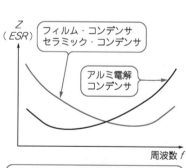

(b) コンデンサのインピーダンス特性

これら二つの重要な役目を果たすのが電源デカップリング・コンデンサとなります．この例では $10\,\mu\mathrm{F}$ と $0.1\,\mu\mathrm{F}$ のコンデンサが並列接続されています．この理由は，コンデンサの対周波数インピーダンス（等価直列抵抗，Equivalent Series' Resistor；ESR）がコンデンサの種類によって異なることによります．

図8(b) に，一般的なコンデンサの対インピー

ダンス周波数特性例を示します．一般的なアルミ電解コンデンサ（容量 $1\,\mu\mathrm{F} \sim 10000\,\mu\mathrm{F}$）は，その内部構造上，低周波領域では低インピーダンスですが，高周波領域ではインピーダンスが高くなります．一方，セラミック・コンデンサやフィルム系コンデンサ（容量 $100\,\mathrm{pF} \sim 0.1\,\mu\mathrm{F}$）は高周波領域で低インピーダンス特性を有しています．

したがって，タイプ（インピーダンス周波数特

図9 (7) **2層基板によるパターン設計例-1**
（ADS8412；テキサス・インスツルメンツ）

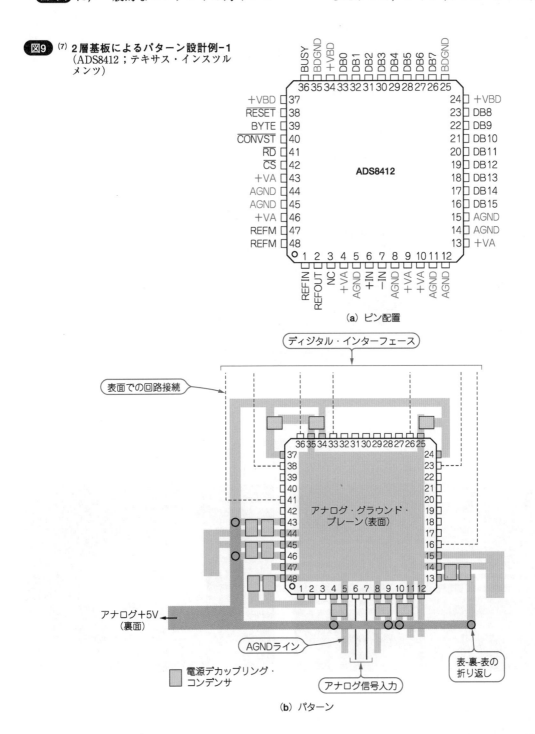

(a) ピン配置

(b) パターン

性)の異なるコンデンサを並列接続することによって，全周波数帯域で低インピーダンス特性を得ることができます．

コンデンサのタイプと容量についてですが，安定化電源で十分にリプル成分が除去されているという前提では大容量は必要ないといえますが，電解コンデンサでは最低でも $10\,\mu\mathrm{F}$ 以上の容量が推奨されます．

また，高周波領域用のコンデンサではセラミック・コンデンサの場合，容量誤差と対温度特性での容量変化が比較的大きいので $0.01\,\mu\mathrm{F}\sim0.1\,\mu\mathrm{F}$ が推奨されます．

コンデンサ容量については前述のとおりですが，実装では「最短距離接続」が同時に要求されます．各電源端子がノイズ・ソースとするなら，各端子からパターンを通じてコンデンサに接続されるまでのパターンそのものが固有抵抗をもっているのでコンデンサの効果を減少させてしまいます．

したがって，電源端子とコンデンサ間のパターンは最短距離とする必要があります．この接続ではコンデンサのグラウンド側への接続も重要です．結果的に各電源端子-グラウンド間のインピーダンスを低インピーダンス化することが重要な要素となります．

電源以外の端子，たとえばリファレンス電圧入力ではリファレンス電圧はクリーンなDC電源であることが一般的なので，おもにハム・ノイズ対応でのデカップリング・コンデンサ接続を行います．

● 2層でのパターン設計例-1

図9 に ADS8412（テキサス・インスツルメンツ）での2層基板によるパターン設計例を示します．図9(a) はピン配置で，図9(b) は実パターン設計例です．

ADS8412の場合は，アナログ電源（＋VA），アナログ・グラウンド（AGND）とディジタル電源（＋VBD），ディジタル・グラウンド（BDGND）の各端子が複数あります．

データシートのレイアウト説明では両電源，両

図10 (6) **2層基板によるパターン設計例-2**（AD7693；アナログ・デバイセズ）

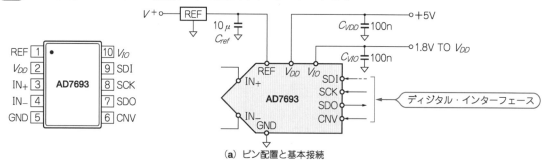

（a）ピン配置と基本接続

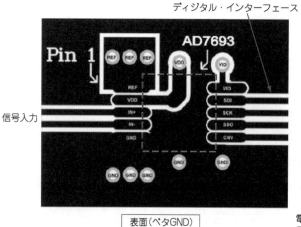

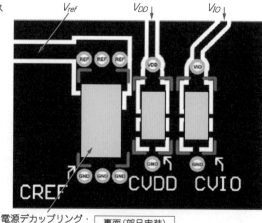

（b）パターン設計例

グラウンドとも共通接続で，グラウンドはアナログ・グラウンド・プレーンに接続することを推奨しています．

図9 の実設計例での設計手順としては次のように実施します．

① ICのパッケージ下側にアナログ・グラウンド・パターンを設け（表面），各GND端子を接続する．

② 電源および電源デカップリング・コンデンサを最短距離で接続するパターンを設ける．ここではグラウンドが表面なので，電源デカップリング・コンデンサは表面に実装され，電源接続部での電源パターンは表面になる．したがって，ビア（表と裏を接続する）によって表面，裏面への切り替えを行う．

③ アナログ信号入力はグラウンド・ガードの機能ももたせて，表面で両側がグラウンド・パターンとなるラインを設ける．

④ ディジタル・インターフェース接続は特別の場合を除いて多少の引き回しが許容できるので，アナログ部を優先してレイアウトした最後に実施する．

最終的に **図9** のパターン設計例では，パッケージの上側がディジタル部，下側がアナログ部と，相互干渉の少ない分離されたレイアウトとして構成されています．電源デカップリング・コンデンサも端子と最短距離で接続され，表面は面積の広いアナログ・グラウンド・プレーンとして設けられているので，ほぼ理想的なパターン・レイアウ

トと言えます．

● **2層でのパターン設計例-2**

図10 に AD7693（アナログ・デバイセズ）での2層パターン設計例を示します．AD7693は10ピンQFN，10ピンMSOPのパッケージが用意されていますが，ここではMSOPパッケージでの例を示します．

図10(a) は AD7693のピン配置と基本接続回路を示しています．REF，V_{DD}，V_{IO} の各電源は共通でも使用できますが，ここではそれぞれ独立した電源が供給されるアプリケーションとしています．REF，V_{DD}，V_{IO} の各電源には電源デカップリング・コンデンサ，C_{ref}，C_{VDD}，C_{VIO} が対グラウンドに接続されます．

図10(b) は実パターン設計例で，データシートに記載されているものを示しています．基本構成ではICは表面に実装し，表面は共通グラウンドとアナログ入力ライン，ディジタル・インターフェース・ラインが配置されています．裏面はグラウンドと部品実装，REF，V_{DD}，V_{IO} の各電源供給ラインが配置されています．

このような少数ピンの場合でもプリント・パターン設計での基本技術は同じです．すなわち，ICパッケージ下に広いアナログ・グラウンド・プレーン，電源デカップリング・コンデンサの最短距離接続，アナログ信号入力とディジタル・インターフェースの分離などは，この例においても適用されています．

見た目が美しいと性能も良い？   column

　CD/DVDプレーヤ，ゲーム機などのコンシューマ機器では，その内部構造やプリント基板を見ることができます．

　特に最近のディジタル・オーディオ機器では，カタログに内部構造やプリント基板の写真が，いろいろな新技術，採用パーツの説明とともに掲載されているのを見かけることができます．

　また，技術系あるいはホビー系の雑誌などでも，新製品の内部構造や使用デバイスの型番/機能などを，カラー写真とともに解説するような記事を見かけることがあります．

　カタログ上の美観を整えることも重要ですが，プ

リント基板のレイアウト，パーツ配置などが整然としているということは，実は性能にも影響すると言えます．

　基板設計（パターン・レイアウト）が美しいということは，電源供給，部品配置，アナログ/ディジタル信号ラインの流れ，面積の広いグラウンド・プレーンなどの要素が整然としているということになります．

　すなわち，見た目が美しいプリント基板は一般的には（例外もありますが），性能面でも優れたものであると言えます．

6.4 シリアル・データ出力が多くなってきている
ディジタル・インターフェースの基礎

　A-Dコンバータの動作において精度の観点では，アナログ・セクションに対する要素が重要であることは前述のとおりです．

　一方，ディジタル・セクションでは，製品仕様に記載されているタイミング規定さえ間違わなければ動作上，特に大きく影響することはありませんが，仕様の解釈を誤ると前提が崩れてしまいます．

　また，フラッシュ型やパイプライン型に代表される高速A-Dコンバータでは，高速クロック・インターフェースが必要になりますし，逐次比較型やデルタ-シグマ型コンバータでは動作クロックの仕様（デューティ・サイクル，クロック・ジッタなど）が精度に影響することもあり，これらに対する検証/確認が必要です．

　A-DコンバータICのモデルによっては，その動作状態をシリアル・データで制御する方式のものがあり，この場合はデータの書き込み/読み出し方式の選択も重要な要素となります．

　さらには，マイクロプロセッサ対応，DSP対応のインターフェースをもつものもあり，これらの場合は適用されるインターフェース規格を確認する必要があります．

● ディジタル・インターフェースの仕様

　ディジタル・インターフェースの基本仕様は，ディジタル入出力レベル規格，ディジタル入出力タイミング規格の仕様に大別されます．

▶ ディジタル入出力レベル規格

　図11にLTC1403（リニアテクノロジー）でのディジタル・インターフェース構成とディジタル入出力規格を示します．LTC1403の場合は，SCK，CONV，SDOの3端子がインターフェースで，SCKは基準動作クロック入力，CONVは変換スタート・クロック入力，SDOはシリアルの14ビット・データ出力です．

　これらのディジタル・データのインターフェー

図11 (9) ディジタル・インターフェース構成とディジタル入出力規格の例（LTC1403；リニアテクノロジー）

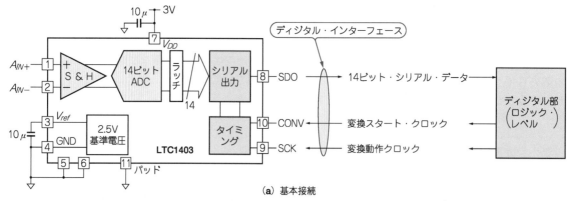

(a) 基本接続

記号	パラメータ	条件	最小	標準	最大	単位
V_{IH}	Hレベル入力電圧	V_{DD}=3V	2.4			V
V_{IL}	Lレベル入力電圧	V_{DD}=2.7V			0.6	V
I_{in}	入力電流	V_{in}=0～V_{DD}			±10	μA
C_{in}	入力容量			5		pF
V_{OH}	Hレベル出力電圧	V_{DD}=3V, I_{out}=−200μA	2.5	2.9		V
V_{OL}	Lレベル出力電圧	V_{DD}=2.7V, I_{out}=160μA V_{DD}=2.7V, I_{out}=1.6mA		0.05 0.10	0.4	V V
I_{OZ}	Hi-Zリーク電流	V_{out}=0V～V_{DD}			±10	μA
C_{OZ}	Hi-Z出力容量			1		pF
I_{source}	出力短絡ソース電流	V_{out}=0V, V_{DD}=3V		20		mA
I_{sink}	出力短絡シンク電流	V_{out}=V_{DD}=3V		15		mA

(b) "Digital Input and Digital Output" の仕様

スでのロジック・レベルは "Digital Input and Digital Output" の仕様［図11(b)］で，ディジタル信号入出力のH/Lレベル電圧などがそれぞれ規定されています．

また，SDO（データ出力）は3ステート（H/Lおよびハイ・インピーダンス状態）があるので，ハイ・インピーダンス時のリーク電流が規定されています．このICの場合は3V単一電源動作なので，ロジック・レベルとしては3V系ロジックに対応していますが，H/Lレベル規定から5V TTLロジックにも対応できます．

　　　H/Lレベル入力規定：2.4 V/0.6 V
　　　H/Lレベル出力規定：2.5 V/0.4 V

これがCMOSロジック・レベル，TTLロジック・レベルに対して満足するか，読者自身で確認してみてください．

▶ ディジタル入出力タイミング規格

　図12はLTC1403の変換タイミング・チャートです．t_{xx} で示される各時間規定はデータシートに記載されていますが，ここでは，その規定のなかでも重要なものについて解説します．

14ビット分解能の変換に必要なSCKクロックは最小16個です．クロックの周期×16が連続変換での変換周期になります．単発あるいは一定周期での変換では，SCKクロックは常時入力とし，必要なタイミングでCONV信号制御によって変換ができます．

CONV信号の立ち上がりで変換はスタートしますが，SCKクロックとのタイミングは t_2, t_3 で規定されています．図中ではCONVの立ち上がりとSCKクロックのエッジは一致していませんが，通常はエッジに同期したタイミングを生成します．規定では $t_3 = 0$ ns なので，エッジに同期したCONV信号で制御可能です．

CONVクロックから実際にシリアル・データが出力されるまでの時間は規定されていません．CONVから3 SCKクロックまでとなりますので，SCKクロック周期から時間換算することになります．

SDOのデータ確定とSCKクロック立ち上がりは $t_8 = 8$ ns で規定しています．また，前データの残りは $t_{10} = 2$ ns で規定しています．これは，

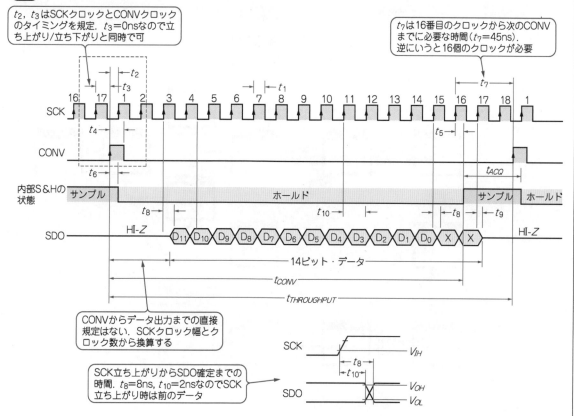

図12 (9) **LTC1403の変換動作のタイミング・チャート**

t_2, t_3はSCKクロックとCONVクロックのタイミングを規定．$t_3 = 0$nsなので立ち上がり/立ち下がりと同時で可

t_7は16番目のクロックから次のCONVまでに必要な時間（$t_7 = 45$ns）．逆にいうと16個のクロックが必要

CONVからデータ出力までの直接規定はない．SCKクロック幅とクロック数から換算する

SCK立ち上がりからSDO確定までの時間．$t_8 = 8$ns, $t_{10} = 2$nsなのでSCK立ち上がり時は前のデータ

SCKクロックの立ち上がりに同期してSDOデータを取り込むと前データを取り込んでしまうことを意味しています.

したがって,SDOデータ取り込みにはSCKクロックの立ち下がりを用いたほうが確実と言えます.

t_7は16番目のクロック(変換終了)から次のCONVまでの時間規定で,連続変換,一定周期変換いずれの場合も,このt_7を含んだ時間が総合変換スループットとなります.

ロジック・ファミリについて

A-DコンバータICのディジタル・インターフェースは,出力のディジタル・データだけでなく,コンバータの動作設定,動作状態,動作クロックなど,多種があります.これらの入出力は,一般的なロジック・インターフェースと整合するように設計されています.

ロジック・インターフェースにおいては,デバイスの半導体プロセスの違いから,バイポーラとCMOSの2種類に大別することができます.

いわゆる標準TTLと表現されているロジックIC

に対して,動作スピード,電源電圧,入出力ロジック・レベルのパラメータによって,いくつかの派生が存在しています.

図Aに,日本テキサス・インスツルメンツ社のホームページに掲載されているロジック・ファミリの早わかりチャートの一部(Logic Migration Overview;Gates and Octals)を示します.

これらのチャートを利用することによって,目的に合ったロジック・ファミリのデバイスを選択することができます.

図A ロジック・ファミリの選択ガイド
Texas Instruments;Logic Guide 2009, p.5より
▶ http://focus.tij.co.jp/jp/lit/sg/sdyu001z/sdyu001z.pdf

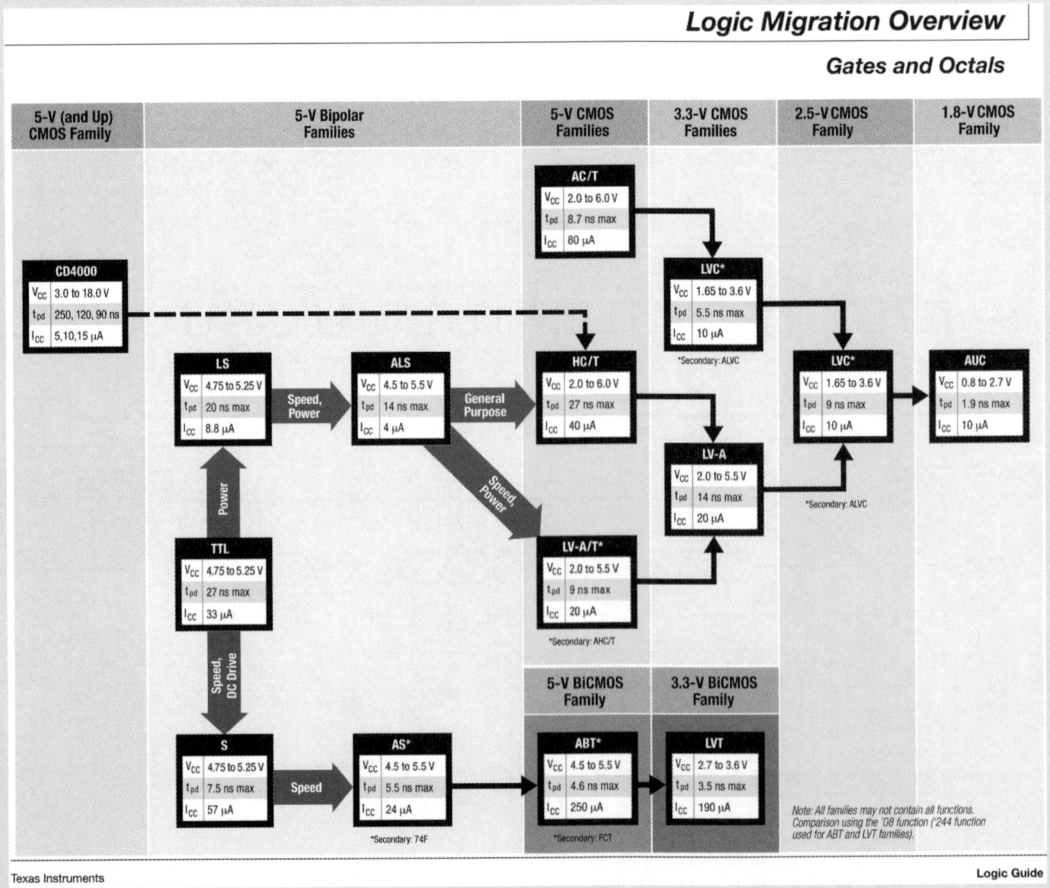

6-5

規格化されたシリアル・インターフェース
SPIとI²Cインターフェースの基礎

● SPI制御

SPI(Serial Peripheral Interface)は，基板内部で使用されるデバイス間をインターフェースするバスの一つで，比較的低速なデータ伝送でのアプリケーションによく用いられていますが，20 Mbps程度の伝送速度を有することができます．もともとはモトローラ社(現在フリースケール・セミコンダクタ社)が提唱した規格です．

A-DコンバータICとのインターフェースでは，動作設定(チャネル選択やゲイン選択，動作スピード制御など)や，変換データの読み込みに応用されるのが一般的です．

図13にSPI制御の基本構成を示します．インターフェースには4本のシリアル・ラインが必要で，

(1) SCK：シリアル・クロック(データが同期)
(2) MISO：Master In Slave Out(読み込みデー

タ)
(3) MOSI：Master Out Slave In(書き込みデータ)
(4) SS：Slave Select(データ・ラッチ)
の4線で構成されています．

MISO，MOSIは実際にインターフェースするデータ領域で，通常は8ビット・データで構成されています．A-DコンバータICでは制御機能が多くなるとデータ・ビットが16ビットなどに拡張する場合もあります．したがって，A-Dコンバータのデータシート表示においてはSPI互換という表示がされています．

図13(b)，図13(c)はAD7142(アナログ・デバイセズ)におけるSPIタイミング例を示しています．データは16ビットで，CSが基本構成のSSに対応しています．動作設定には16ビット・データ(SDI)をA-Dコンバータに書き込みます．

図13 (6) SPIの接続と動作タイミング例(AD7142；アナログ・デバイセズ)

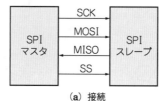

(a) 接続

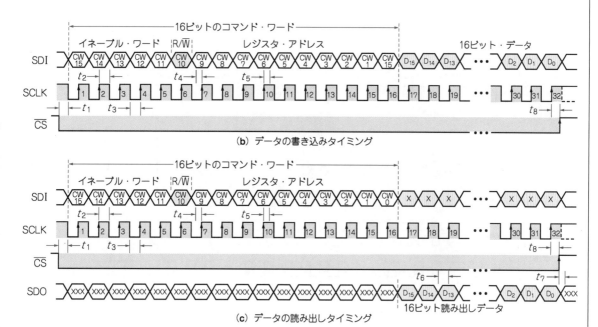

(b) データの書き込みタイミング

(c) データの読み出しタイミング

データの読み出しにも R(読み出し)/$\overline{\text{W}}$(書き込み)選択の書き込みが一度必要になります.

● I²C制御

I²Cは Inter Integrated Circuit の略で(Iスクエアの意味でI²Cと表示される),フィリップス社から提唱されたシリアル・バスです.最大の特長はデータ・インターフェースがわずか2本のラインで実行できるとことにあります.

図14 にI²C制御の基本構成を示します.2本のシリアル・ラインは,

(1) SDA:シリアル・データ・ライン
(2) SCL:シリアル・クロック・ライン

で構成され,バスに接続されている各デバイスは固有のアドレスをもつので,各デバイスを独立して制御することができます.

データ転送速度はSPIに比べるとやや低速ですが,標準モードで100 kbps,ファスト・モードで400 kbps,ハイスピード・モードで3.4 Mbpsが規定されています.

A-DコンバータICでは,SPIと同様に動作設定(データ書き込み),データ読み出しの機能をI²C制御で実行可能です.A-DコンバータICの場合は,動作モードとしてはスレーブ動作のみでの対応がほとんどなので,「I²C互換」と表示されるのが一般的です.

図14(b) , 図14(c) はAD7142-1(アナログ・デバイセズ)のI²Cインターフェース・タイミングを示しています.SDAはデータ,SCLKはI²CのSCLクロックに相応しています.

図14 (6) I²Cの接続と動作タイミング例(AD7142-1;アナログ・デバイセズ)

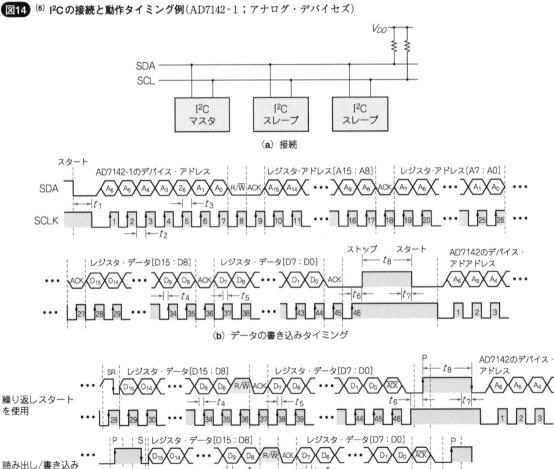

(a) 接続

(b) データの書き込みタイミング

(c) データの読み出しタイミング(前半は書き込みと同じ)

6-6

アパーチャ誤差や量子化誤差に影響する
クロック・ジッタの定義と低減法

A-Dコンバータの動作クロックのロジック・レベルはもちろんのこと，その動作上，クロックの立ち上がり/立ち下がりの両方を動作に使用している場合，クロックのデューティ・サイクルも重要になってきます．高速変換，高精度変換においては，その動作クロックの重要性，すなわち精度に対する影響が無視できない，センシティブなエリアになってきます．

ほとんどのA-DコンバータではS&H機能が含まれていますが，S&H動作におけるアパーチャ誤差は動作クロックによって生じます．また，ΔΣ型A-Dコンバータでは，ΔΣ変調動作は動作クロックで実行されているので，クロック状態によってΔΣ変調に誤差(量子化雑音)を発生させます．すなわち，クロックの精度を定義するクロック・ジッタは高速/高精度A-D変換において極めて重要な要素となります．

各社のデータシートにはクロック・ジッタが精度に影響することは記述されていますが，実際のジッタの定義や特性(精度)との相関関係については説明されていません．アプリケーション資料のなかには詳しく記述されているものもありますが，理解には多少の労力を要します．

整理するとクロック・ジッタは，
(1) S&H動作におけるアパーチャ誤差
(2) ΔΣ変調動作における量子化誤差
に影響することになります．したがって，設計者はクロック・ジッタに関しても慎重に検討する必要があります．

● クロック・ジッタの定義

図15 にクロック・ジッタの定義を示します．Aは理想クロックで，周期t_s，Duty = 50％(H：$0.5\,t_s$，L：$0.5\,t_s$)，各クロック・ポイントt_xとします．Bはジッタを含んだクロックで，理想クロックからの時間誤差(t_a, t_b, t_c, t_d)を有しています．ここでは，便宜的に各時間誤差(t_a～t_dの絶対値)は同じとしています．

ここで，クロック・ジッタは主に3種類に区別されます．

▶サイクル・ジッタ(Period Jitter)
理想クロック・サイクルt_sからの実際の周期の時間誤差で定義されます．

t_1からt_3間：$-t_a$
t_3からt_5間：Zero
t_5からt_7間：Zero
t_7からt_9間：$+t_d$

▶ハーフ・ピリオド・ジッタ(Half Period Jitter)
理想半周期($0.5\,t_s$)からの実際の半周期の時間誤差で定義します．

t_1からt_2間：Zero
t_2からt_3間：$-t_a$
t_3からt_4間：$+t_a$
t_5からt_6間：$+t_b+t_c$
t_6からt_7間：$-t_c-t_d$
t_8からt_9間：Zero

▶タイム・インターバル・ジッタ

図15 クロック・ジッタの定義

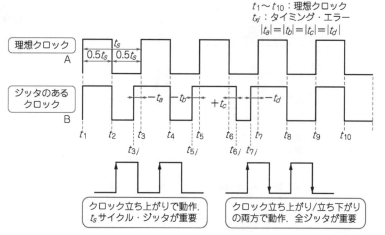

t_1～t_{10}：理想クロック
t_{xj}：タイミング・エラー
$|t_a|=|t_b|=|t_c|=|t_d|$

理想クロック A

ジッタのある クロック B

クロック立ち上がりで動作．t_sサイクル・ジッタが重要

クロック立ち上がり/立ち下がりの両方で動作．全ジッタが重要

理想クロック・ポイントからの実際のクロック・ポイントの時間誤差で定義されます.

t_1, t_2, t_4, t_8, t_9, t_{10}：Zero

t_3：$-t_a$

t_5：$-t_b$

t_6：$+t_c$

t_7：$-t_d$

これらの各クロック・ジッタは，A-DコンバータICの内部動作においてクロックのエッジの立ち上がり/立ち下がりのどちらか，あるいは両方を使っているかによって影響の度合いは異なります.

クロックの立ち上がりのみを使用している場合は，誤差への影響はサイクル・ジッタとなります.立ち上がり/立ち下がり両方を動作に使用している場合は，サイクル・ジッタに加えて，ハーフ・ピリオド・ジッタ，タイム・インターバル・ジッタのすべてが影響します.

● **クロック・ジッタの測定と単位**

クロック・ジッタの単位表現にはいろいろあり，関係する技術資料においてもその表現は異なります. これが設計者にクロック・ジッタを軽視させたり，無頓着さを与えたりする一要因であるとも言えます. この背景にはジッタを測定する測定器も一般的なものでなく，やや高価な測定器であるため所有している企業，部門も少ないこともあります.

クロック・ジッタの測定は短時間での連続したクロック周波数，クロック立ち上がり/立ち下がり時間のばらつきの蓄積を測定しなければなりません. 時間要素なので単位は秒であり，ns，psなどの微小時間単位が一般的です. 注意点としては，比較的長時間でのクロックのゆらぎはドリフトあるいは安定性で定義されるべきもので，ジッタとは別の要素となります.

このジッタの測定，表示には一般的に次の3種類があります.
(1) アイ・パターン
(2) ジッタ時間対ジッタ周波数スペクトラム
(3) ジッタ・ヒストグラム

図16 ジッタの測定例

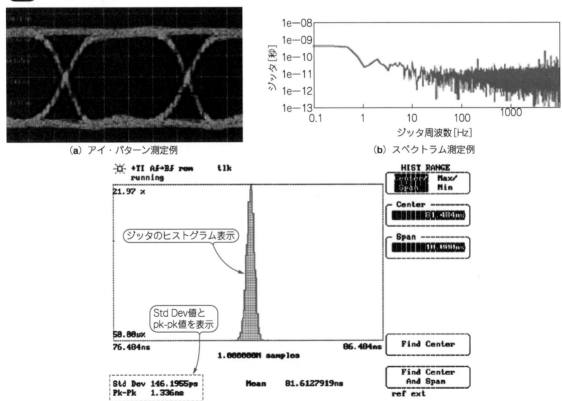

(a) アイ・パターン測定例

(b) スペクトラム測定例

(c) ヒストグラム測定例

図16にこれらのジッタ測定例を示します.

アイ・パターンは，クロックの立ち上がり/立ち下がり遷移部分の波形表示をサンプリング数ぶん重ね書き（表示）するものです．ジッタがない理想状態では表示されるクロック波形は一つのラインですが，ジッタがあると時間軸のばらつきが生じるので滲んで見えることになります．このアイ・パターン中央部の開口部の広さで直感的にジッタ量を見ることができます.

ジッタ時間対周波数スペクトラムは，専用の測定装置を必要とします．ジッタ時間が，どのジッタ周波数においてどのように分布しているかを確認することができます．この方法では時間軸と周波数のパラメータが存在するので，ジッタの仕様として用いるには困難と言えます.

もう一つはヒストグラム測定で，この方法はジッタを判断するうえで最も実アプリケーションとの相関性が高い評価/測定方法です．このヒストグラム測定は連続クロックの時間誤差（ジッタ）の分布（ヒストグラム）で表示するもので，ジッタのピーク値（pk-pk），標準偏差値（Std Dev）でそれぞれ数値化して表示することができます．このヒストグラム測定にもタイム・インターバル・アナライザ，サンプリング・オシロスコープなどの専用の測定装置が必要ですが，ジッタを数値の仕様として表すには最適なものです.

● クロック・ソース回路の構成例

実アプリケーションにおいてA-DコンバータICの動作用クロック生成は重要な要素となります.

クロック信号生成方法は大別すると，
(1) 水晶発振クロックを基準としたクロック回路
(2) PLLクロックを基準としたクロック回路
の2種類があります.

図17にクロック・ソース回路の構成例を示します．水晶発振クロックは現在の技術においては最も低ジッタ特性なクロック・ソースとなり，一般的によく用いられています．ジッタの観点では最も優れているので，低ジッタが要求されるアプリケーションに最適です.

クロックのインターフェースで，クロック・ソースとA-DコンバータICまでのパターンや配置によってクロックが乱れることもあります．これを避けるには，最も高速なA-D変換用基準動作クロックに対して，A-DコンバータIC直前にバッファ回路を設けるなどの処置が有効となります.

PLLクロック回路は，動作制御で複数のクロック系統やある程度自在な周波数を生成することができます．PLLの動作原理により，水晶発振クロックに比べてジッタが多いことが一般的です．ジッタ特性はPLLデバイスによって大きく異なります．すなわち，ジッタの観点からはジッタ特性の優れたPLLデバイスを選択することが重要です．PLLデバイスのジッタが許容できない場合は当然，水晶クロックなどへの変更あるいは，ジッタ・クリーナ・デバイスを用いることによってジッタを最小限にすることができます.

図17 クロック・ソース回路の構成例

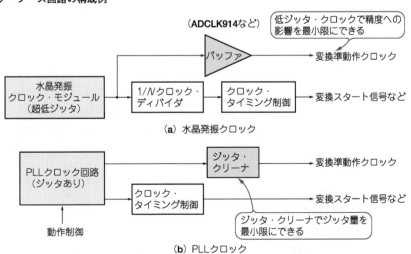

(a) 水晶発振クロック

(b) PLLクロック

データシートや技術資料の利用法

　A-DコンバータICの採用を検討するとき，実際に回路設計を行うとき，半導体メーカから公開されている各種の技術資料が役立ちます．そこには多くの有益な情報が記載されています．

　したがって，これらの技術情報を検索/入手して，その内容を理解することは，設計を失敗させないための必須条件になります．

　技術資料の内訳としては，

(1)　製品データシート(仕様書)

(2)　アプリケーション・ノート

(3)　設計ガイド，デザイン・ノート

(4)　ホワイトペーパー

(5)　参考資料

(6)　IBISモデル

(7)　シミュレーション・モデル

など，表現方法，呼称は異なっても基本的には，データシートと技術資料に大別することができます．なかでも製品データシート(仕様書)はその製品のすべての仕様を表すもので，詳細なデータが記載されています．

7-1 概要から詳細データまでデバイスのすべてが記載されている
データシートの基本的な読みかた

　ここでは具体例として，AD7949(アナログ・デバイセズ)のデータシート［AD7949.PDF[(6)]］を取り上げて解説します．

● フロント・ページ

　データシートのフロント・ページは，そのモデルの主要機能，性能，アプリケーションなどを記述した，まさにそのモデルの顔となるものです．フロント・ページをすばやく見ることによって，その製品の概要を把握する技術を身につけることも重要です．

　図1　に，AD7949のデータシートのフロント・ページを示します．大きなタイトル，すなわち "14-Bit, 8-Channel, 250 kSPS, ADC" で，このA-DコンバータICの基本仕様である分解能と変換速度，追加機能として8chであることを表現しています．

　"Features(特徴)" の項目では，そのモデルの基本性能である，DC精度，AC精度，変換速度，入力信号条件，電源条件(消費電力を含む)，パッケージ情報などの代表的仕様が記述されています．

　"Applications(応用)" の項目では，そのモデルが使用される代表的な応用製品，アプリケーション例を示しています．また，ブロック・ダイアグラムはそのモデルの動作と機能を大まかに理解するうえで重要な情報です．

　そのモデルがいくつかのシリーズ(ファミリ)製品を有している場合は，その情報も併記されています．分解能，変換速度などが要求される仕様に対してちょっと合わない場合，より近いモデルの選択に重要な情報となります．

　"General Description(概要)" では，そのモデルの基本動作，機能の概要について解説しています．そして，最後に決して見逃してはならないのがRevision情報です．データシートは誤植や仕様(スペック)変更などで常に改定されています．そのデータシートが最新のものか否かを確認することは最も重要なことです．

● Absolute Maximum Ratings(絶対最大定格)

　この仕様,すなわち絶対最大定格という仕様は,その仕様条件(入力電圧，電源電圧，はんだ条件，

図1 (6) データシートのフロント・ページに記載されている内容（AD7949；アナログ・デバイセズ）

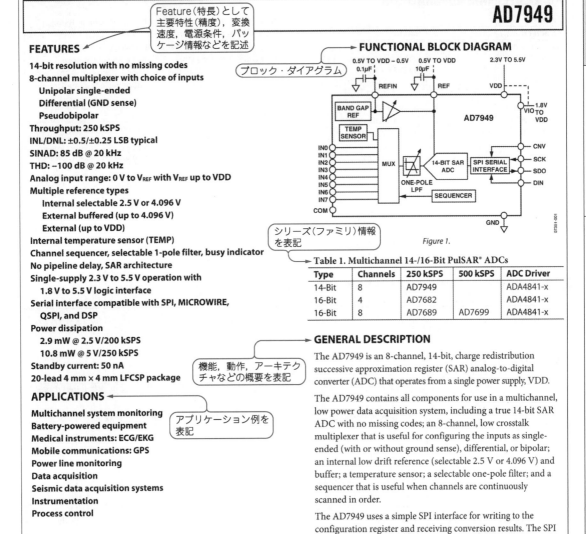

ANALOG DEVICES

14ビット分解能，変換速度250kSPS，8チャネルのA-Dコンバータ

14-Bit, 8-Channel, 250 kSPS PulSAR ADC

AD7949

Feature（特長）として主要特性（精度），変換速度，電源条件，パッケージ情報などを記述

FEATURES

14-bit resolution with no missing codes
8-channel multiplexer with choice of inputs
    Unipolar single-ended
    Differential (GND sense)
    Pseudobipolar
Throughput: 250 kSPS
INL/DNL: ±0.5/±0.25 LSB typical
SINAD: 85 dB @ 20 kHz
THD: −100 dB @ 20 kHz
Analog input range: 0 V to V_{REF} with V_{REF} up to VDD
Multiple reference types
    Internal selectable 2.5 V or 4.096 V
    External buffered (up to 4.096 V)
    External (up to VDD)
Internal temperature sensor (TEMP)
Channel sequencer, selectable 1-pole filter, busy indicator
No pipeline delay, SAR architecture
Single-supply 2.3 V to 5.5 V operation with
    1.8 V to 5.5 V logic interface
Serial interface compatible with SPI, MICROWIRE,
    QSPI, and DSP
Power dissipation
    2.9 mW @ 2.5 V/200 kSPS
    10.8 mW @ 5 V/250 kSPS
Standby current: 50 nA
20-lead 4 mm × 4 mm LFCSP package

APPLICATIONS

Multichannel system monitoring
Battery-powered equipment
Medical instruments: ECG/EKG
Mobile communications: GPS
Power line monitoring
Data acquisition
Seismic data acquisition systems
Instrumentation
Process control

アプリケーション例を表記

FUNCTIONAL BLOCK DIAGRAM

ブロック・ダイアグラム

Figure 1.

シリーズ（ファミリ）情報を表記

Table 1. Multichannel 14-/16-Bit PulSAR® ADCs

Type	Channels	250 kSPS	500 kSPS	ADC Driver
14-Bit	8	AD7949		ADA4841-x
16-Bit	4	AD7682		ADA4841-x
16-Bit	8	AD7689	AD7699	ADA4841-x

GENERAL DESCRIPTION

The AD7949 is an 8-channel, 14-bit, charge redistribution successive approximation register (SAR) analog-to-digital converter (ADC) that operates from a single power supply, VDD.

The AD7949 contains all components for use in a multichannel, low power data acquisition system, including a true 14-bit SAR ADC with no missing codes; an 8-channel, low crosstalk multiplexer that is useful for configuring the inputs as single-ended (with or without ground sense), differential, or bipolar; an internal low drift reference (selectable 2.5 V or 4.096 V) and buffer; a temperature sensor; a selectable one-pole filter; and a sequencer that is useful when channels are continuously scanned in order.

The AD7949 uses a simple SPI interface for writing to the configuration register and receiving conversion results. The SPI interface uses a separate supply, VIO, which is set to the host logic level. Power dissipation scales with throughput.

The AD7949 is housed in a tiny 20-lead LFCSP with operation specified from −40°C to +85°C.

機能，動作，アーキテクチャなどの概要を表記

リビジョン（改訂）情報を表示（実は重要）

One Technology Way, P.O. Box 9106, Norwood, MA 02062-9106, U.S.A.
Tel: 781.329.4700   www.analog.com
Fax: 781.461.3113   ©2008–2009 Analog Devices, Inc. All rights reserved.

周囲温度など）を一つでも越えるとデバイスが破壊されるという恐ろしい規定です．メーカ側はこの絶対最大定格を越えた場合のトラブル（故障，破壊など）について一切の責任を負うことを回避します．逆に言うと，設計においてはこの絶対最大定格を越えることは絶対避けなければなりません．

図2 に AD7949 のデータシートに記載されている "Absolute Maximum Ratings" を示します．

図2 (6) データシートに記載されている絶対最大定格の例（AD7949；アナログ・デバイセズ）

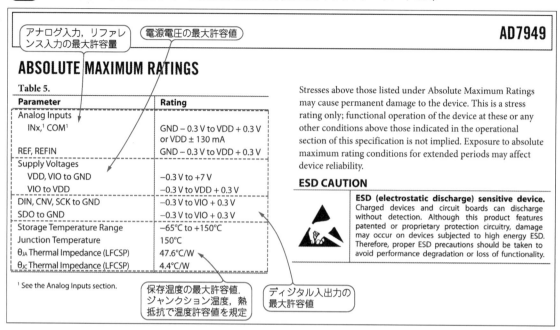

アナログ入力，リファレンス入力の最大許容量

電源電圧の最大許容値

AD7949

ABSOLUTE MAXIMUM RATINGS

Table 5.

Parameter	Rating
Analog Inputs INx,[1] COM[1]	GND − 0.3 V to VDD + 0.3 V or VDD ± 130 mA
REF, REFIN	GND − 0.3 V to VDD + 0.3 V
Supply Voltages VDD, VIO to GND	−0.3 V to +7 V
VIO to VDD	−0.3 V to VDD + 0.3 V
DIN, CNV, SCK to GND	−0.3 V to VIO + 0.3 V
SDO to GND	−0.3 V to VIO + 0.3 V
Storage Temperature Range	−65°C to +150°C
Junction Temperature	150°C
θ_{JA} Thermal Impedance (LFCSP)	47.6°C/W
θ_{JC} Thermal Impedance (LFCSP)	4.4°C/W

[1] See the Analog Inputs section.

Stresses above those listed under Absolute Maximum Ratings may cause permanent damage to the device. This is a stress rating only; functional operation of the device at these or any other conditions above those indicated in the operational section of this specification is not implied. Exposure to absolute maximum rating conditions for extended periods may affect device reliability.

ESD CAUTION

ESD (electrostatic discharge) sensitive device. Charged devices and circuit boards can discharge without detection. Although this product features patented or proprietary protection circuitry, damage may occur on devices subjected to high energy ESD. Therefore, proper ESD precautions should be taken to avoid performance degradation or loss of functionality.

保存温度の最大許容値，ジャンクション温度，熱抵抗で温度許容値を規定

ディジタル入出力の最大許容値

図3 (6) 詳細なデータを記載している仕様表の例（AD7949；アナログ・デバイセズ）

AD7949

全仕様を保証する基本動作条件

SPECIFICATIONS

VDD = 2.3 V to 5.5 V, VIO = 1.8 V to VDD, V_{REF} = VDD, all specifications T_{MIN} to T_{MAX}, unless otherwise noted.

単位（Unit）の表示

Table 2.

Parameter	Conditions/Comments	Min	Typ	Max	Unit
RESOLUTION		14			Bits
ANALOG INPUT					
Voltage Range	Unipolar mode	0		$+V_{REF}$	V
	Bipolar mode	$−V_{REF}/2$		$+V_{REF}/2$	
Absolute Input Voltage	Positive input, unipolar and bipolar modes	−0.1		$V_{REF} + 0.1$	V
	Negative or COM input, unipolar mode	−0.1		+0.1	
	Negative or COM input, bipolar mode	$V_{REF}/2 − 0.1$	$V_{REF}/2$	$V_{REF}/2 + 0.1$	
Analog Input CMRR	f_{IN} = 250 kHz		68		dB
Leakage Current at 25°C	Acquisition phase		1		nA
Input Impedance[1]					
THROUGHPUT					
Conversion Rate					
Full Bandwidth[2]	VDD = 4.5 V to 5.5 V	0		250	kSPS
	VDD = 2.3 V to 4.5 V	0		200	kSPS
¼ Bandwidth[2]	VDD = 4.5 V to 5.5 V	0		62.5	kSPS
	VDD = 2.3 V to 4.5 V	0		50	kSPS
Transient Response	Full-scale step, full bandwidth			1.8	μs
	Full-scale step, ¼ bandwidth			14.5	μs

仕様項目詳細仕様

当該仕様の動作条件あるいはテスト条件

規定値．最小（Min），標準（Typ），最大（Max）を規定．Typ表示のみの場合は保証値でない

電源条件や入力電圧に関して実用上で注意するのは，電源ON/OFFのトランジェント状態で発生する可能性のあるスパイク上のピーク電圧（オーバーシュート/アンダーシュートを含む）です．これらのトランジェント状態で絶対最大定格を越えるのが一番よくあるトラブルのケースです．

図4 (6) 精度に関する仕様表では最大値/最小値が記載されている（AD7949；アナログ・デバイセズ）

Parameter	Conditions/Comments	Min	Typ	Max	Unit
ACCURACY					
No Missing Codes		14			Bits
Integral Linearity Error		−1	±0.5	+1	LSB[3]
Differential Linearity Error		−1	±0.25	+1	LSB
Transition Noise	REF = VDD = 5 V		0.1		LSB
Gain Error[4]		−5	±0.5	+5	LSB
Gain Error Match		−1	±0.2	+1	LSB
Gain Error Temperature Drift			±1		ppm/°C
Offset Error[4]			±0.5		LSB
Offset Error Match		−1	±0.2	+1	LSB
Offset Error Temperature Drift			±1		ppm/°C
Power Supply Sensitivity	VDD = 5 V ± 5%		±0.2		LSB
AC ACCURACY[5]					
Dynamic Range			85.6		dB[6]
Signal-to-Noise	f_{IN} = 20 kHz, V_{REF} = 5 V	84.5	85.5		dB
	f_{IN} = 20 kHz, V_{REF} = 4.096 V internal REF		85		dB
	f_{IN} = 20 kHz, V_{REF} = 2.5 V internal REF		84		dB
SINAD	f_{IN} = 20 kHz, V_{REF} = 5 V	84	85		dB
	f_{IN} = 20 kHz, V_{REF} = 5 V, −60 dB input		33.5		dB
	f_{IN} = 20 kHz, V_{REF} = 4.096 V internal REF		85		dB
	f_{IN} = 20 kHz, V_{REF} = 2.5 V internal REF		84		dB
Total Harmonic Distortion	f_{IN} = 20 kHz		−100		dB
Spurious-Free Dynamic Range	f_{IN} = 20 kHz		108		dB
Channel-to-Channel Crosstalk	f_{IN} = 100 kHz on adjacent channel(s)		−125		dB
SAMPLING DYNAMICS					
−3 dB Input Bandwidth	Full bandwidth		1.7		MHz
	¼ bandwidth		0.425		MHz
Aperture Delay	VDD = 5 V		2.5		ns

ワースト値（Min/Max）保証のあるスペック

● Specifications（仕様）

"Specifications" を，Electric Specification（電気的仕様），Mechanical Specification（機械的仕様，パッケージ図，梱包図）と分けている場合もありますが，一般的にSpecificationsと言えば電気的な仕様を意味しています．

図3 に AD7949のSpecificationsの上段部分を示します．仕様を示す表（Table）のトップにある注意書きは，この仕様を保証する基本動作条件（電源，温度など）を示しています．AD7949の場合は，電源電圧2.3～5.5 V，周囲温度−45～＋85℃の各「範囲」内で仕様を保証していますが，ICモデルによっては，特定（基準）電源電圧（たとえば5.0 V），特定（基準）温度（たとえば＋25℃）のみで仕様を規定しているものもあります．

仕様は各項目（Parameter）について，条件（Conditions）のもとでの規定値の数字を最大（Max），標準（Typ），最小（Min）で表示し，右側にその数値の単位（Unit）を表記しています．

Parameterは，たとえばアナログ入力に関する部分では Analog Input のタイトルに続いて，

Voltage Range（電圧範囲）などの各詳細仕様を表記しています．

Conditions（条件）は，その Parameter の数値を保証する条件としての動作条件あるいはテスト条件が表示されています．たとえば，Voltage Range は Bipolar（バイポーラ動作）と Unipolar（ユニポーラ動作）で規定値が異なっています．

規定値は，最小（Min），標準（Typ），最大（Max）の数値を表しています．一般的に，設計上で標準値（Typ）とワースト値（Min/Max）が必要な場合は必ず規定されています．たとえば，Bipolar Mode での Voltage Input は− V_{ref}/2か ら＋ V_{ref}/2が最小/最大で，V_{ref} 電圧に依存した規定となっています．実際にはこの V_{ref} に依存した入力電圧範囲は製品個々によって多少のばらつき（誤差）を有していますが，これはゲイン誤差で規定されるので，ここでは電圧範囲という規定になります．

注意すべきは，標準（Typ）規定のみの項目で，これらの多くは標準特性カーブ（対温度，対電源電圧などのパラメータ）としてグラフ表示されて

図5 (6) 脚注としてさまざまな注意事項が記載されている（AD7949；アナログ・デバイセズ）

```
1 See the Analog Inputs section.
2 The bandwidth is set in the configuration register.
3 LSB means least significant bit. With the 5 V input range, one LSB = 305 µV.
4 See the Terminology section. These specifications include full temperature range variation but not the error from the external reference.
5 With VDD = 5 V, unless otherwise noted.
6 All specifications expressed in decibels are referred to a full-scale input FSR and tested with an input signal at full scale, unless otherwise specified.
7 This is the output from the internal band gap.
8 The output voltage is internal and present on a dedicated multiplexer input.
9 Unipolar mode: serial 14-bit straight binary.
  Bipolar mode: serial 14-bit twos complement.
10 Conversion results available immediately after completed conversion.
11 With all digital inputs forced to VIO or GND as required.
12 During acquisition phase.
13 Contact an Analog Devices, Inc., sales representative for the extended temperature range.
```

Note（脚注）項目（仕様の補足説明など）

いますが，ワースト保証はないことを把握してお
く必要があります．この標準値のみの項目は別の
観点から言うと，その製品の量産出荷検査で検査
できない（あるいは省略されている）という理由に
よります．

図4 に AD7949 の仕様の続き，Accuracy（精
度）に関する部分を示します．ゲイン誤差，積分直
線性誤差（INL），微分直線性誤差（DNL），ノーミ
ッシング・コードなどのDC特性はワースト規定
がされています．AC特性ではS/N（Signal-to-
Noise）とSINADはワースト値が規定されていま
すが，ほかのDynamic Range，THD，Aperture
Delayなどのダイナミック特性は標準値のみで規
定しています．

Specificationsの後半は変換タイミングや，デ
ィジタルI/Oのインターフェースに関するタイミ
ング詳細，ロジック・レベルに関する仕様が記述
されています．

● **Note（ノート，別掲項目）**

データシートの仕様表のなかには，その仕様項
目の右側に，たとえば "Full Bandwidth[2]" のよ
うに小さい数字が表記されているケースがありま
す．これは，その規定項目に対する定義や規定を
補足する記述で，製品によっては "Note" で記
述している場合もあります．**図3** におけるNote
がある仕様については，図中に赤網枠で示してあ
ります．

図5 にAD7949のデータシートのNote部分を
示します．どのモデルでも共通に，Note項目は
仕様表の最後に記載されているのが一般的です．
たとえば，Analog Inputの "Input Impedance[1]"
の項目では，Note1で「仕様表では表しきれない

ので別掲の説明を参照してください」と指示され
ています．また，"Offset Error[4]" では "4 See
Terminology…" すなわち，「このA-Dコンバ
ータではアナログ入力の終端（Terminate）状態/
動作によって規定値が異なるので，その説明を参
照してください」と指示されています．

● **Pin Configuration**

図6 に AD7949 の Pin Configuration and
Function Description（ピン配置およびピン機能）
を示します．

この項目は，実際に設計業務のなかで配線図と
パターン・レイアウトを行ううえでの最重要項目
となります．A-Dコンバータのモデルによって
は簡単にピン名とその機能のみを表示しているも
のや，このAD7949のように簡単なピン機能の動
作説明を併記しているもの，各ピンの等価回路を
表示しているものもあります．

いずれにしろこの項目では，ピン番号，ピン名
称，入力/出力の区別が最小必要項目として表記
されています．余談ですが，ピン配置についてピ
ン番号順での表示，ピン名称のアルファベット順
での表示の区別がありますが，これはほとんどそ
のメーカの慣習によるところが多いようです．

● **Typical Performance**

この項目は "Typical Performance Character-
istics" あるいは "Typical Performance Curves"，
すなわち代表的性能特性（曲線）として，代表的な
仕様を温度，電源電圧，その他の動作条件をパラ
メータにして表示するものです．**図7** と **図8** に
AD7949のTypical Performance Characteristics
の抜粋を示します．

図7 で表示されている特性グラフは，大別す

図6 (6) ピン配置図と各ピンの機能説明の例(AD7949；アナログ・デバイセズ)

PIN CONFIGURATION AND FUNCTION DESCRIPTIONS

Table 6. Pin Function Descriptions

Pin No.	Mnemonic	Type[1]	Description
1, 20	VDD	P	Power Supply. Nominally 2.5 V to 5.5 V when using 10 μF and 100 nF capacitors. When using the internal reference for 2.5 V output When using the internal reference for 4.096 V ou
2	REF	AI/O	Reference Input/Output. See the Voltage Refer When the internal reference is enabled, this pin 4.096 V. When the internal reference is disabled and version of the voltage present on the REFIN low power references. For improved drift performance, connect For any reference method, this pin needs connected as close to REF as possible. Se
3	REFIN	AI/O	Internal Reference Output/Reference Buf section. When using the internal reference, the inte needs decoupling with a 0.1 μF capacitor. When using the internal reference buffer, apply buffered to the REF pin as described above.
4, 5	GND	P	Power Supply Ground.
6 to 9	IN4 to IN7	AI	Channel 4 through Channel 7 Analog Inputs.
10	COM	AI	Common Channel Input. All input channels, IN[7:0], point of 0 V or VREF/2 V.
11	CNV	DI	Convert Input. On the rising edge, CNV initiates the held high, the busy indictor is enabled.
12	DIN	DI	Data Input. This input is used for writing to the 14 register can be written to during and after conve
13	SCK	DI	Serial Data Clock Input. This input is used to cloc in an MSB first fashion.
14	SDO	DO	Serial Data Output. The conversion result is ou modes, conversion results are straight binary complement.
15	VIO	P	Input/Output Interface Digital Power. Nomi 2.5 V, 3 V, or 5 V).
16 to 19	IN0 to IN3	AI	Channel 0 through Channel 3 Analog Inpu
21 (EPAD)	Exposed Pad (EPAD)	NC	The exposed pad is not connected intern recommended that the pad be soldered

[1]AI = analog input, AI/O = analog input/output, DI = digital input, DO = digital output, and P = power.

VDD 1
REF 2
REFIN 3
GND 4
GND 5

PIN 1 INDICATOR
AD7949
TOP VIEW (Not to Scale)

15 VIO
14 SDO
13 SCK
12 DIN
11 CNV

VDD 20
IN3 19
IN2 18
IN1 17
IN0 16

IN4 6
IN5 7
IN6 8
IN7 9
COM 10

ピン配置図

NOTES
1. THE EXPOSED PAD IS NOT CONNECTED INTERNALLY. FOR INCREASED RELIABILITY OF THE SOLDER JOINTS, IT IS RECOMMENDED THAT THE PAD BE SOLDERED TO THE SYSTEM GROUND PLANE.

Figure 4. Pin Configuration

ピン機能説明

ると，仕様でワースト値が保証されているものと仕様に規定されていないものの実力値としての表示に分けられます．

また，**図8** で表示されている特性グラフは，直接には規定されていない仕様の実測グラフ(電源電圧対電源電流特性)と，仕様で規定されている項目(ディジタル・タイミング)の動作条件による実力特性(クロック立ち下がりからデータ確定までの遅延時間対容量負荷，電源電圧)をそれぞれ表示しています．

● Terminology/Theory of Operation

この項目の表現はメーカとA-Dコンバータのモデルによって異なりますが，概要としてのそのA-Dコンバータ製品の動作，機能，仕様の定義などが説明されています．

図9 にAD7949の "Terminology(用語解説)" の抜粋を示します．ここでは各仕様の定義とともに，リファレンス電圧の対温度特性に関する基本的な特性について説明しています．

図10 はAD7949の "Theory of Operation(動作説明)" で，C-DAC逐次比較型としての基本仕様(特長)と動作の概要が説明されています．

● Transfer Function

図11 (p.96)にAD7949の "Transfer Functions (伝達特性)" を示します．これはA-Dコンバータにおけるアナログ入力とA-D変換されたディジタル値のディジタル・コードの関係を定義している項目です．

特にフルスケール(FSR)に関する定義，規定はモデルによって異なるので十分に確認する必要が

図7 (6) さまざまな特性グラフの例（AD7949；アナログ・デバイセズ）

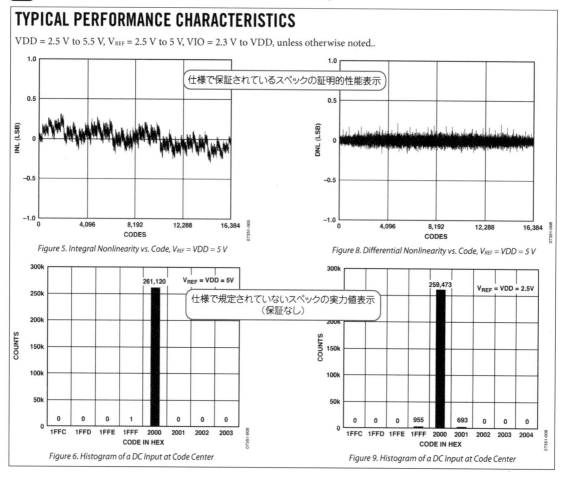

図8 (6) 規定のない仕様に対する実測特性も掲載されている（AD7949；アナログ・デバイセズ）

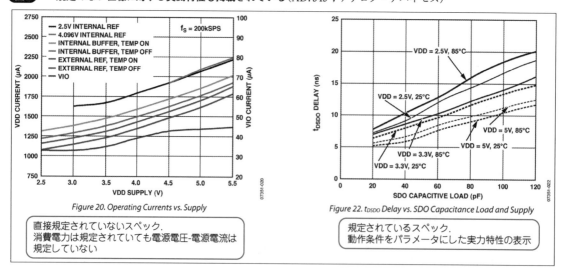

あります.

　AD7949においては，アナログ入力の−FSRは存在しますが，＋FSRは存在しません．ディジタ

ル値の最大値は＋FSR−1LSBであり，遷移ポイントは＋FSR−1.5LSBとなっています.

　伝達特性の表では，1LSB電圧精度での入力電

図9 ⁽⁶⁾ 重要な用語についての解説も記載されている（AD7949；アナログ・デバイセズ）

TERMINOLOGY

Least Significant Bit (LSB)

The LSB is the smallest increment that can be represented by a converter. For an analog-to-digital converter with N bits of resolution, the LSB expressed in volts is

$$LSB\,(V) = \frac{V_{REF}}{2^N}$$

Integral Nonlinearity Error (INL)

INL refers to the deviation of each individual code from a line drawn from negative full scale through positive full scale. The point used as negative full scale occurs ½ LSB before the first code transition. Positive full scale is defined as a level 1½ LSB beyond the last code transition. The deviation is measured from the middle of each code to the true straight line (see Figure 24).

Differential Nonlinearity Error (DNL)

In an ideal ADC, code transitions are 1 LSB apart. DNL is the maximum deviation from this ideal value. It is often specified in terms of resolution for which no missing codes are guaranteed.

Offset Error

The first transition should occur at a level ½ LSB above analog ground. The offset error is the deviation of the actual transition from that point.

（ 仕様の定義を説明 ）

Channel-to-Channel Crosstalk

Channel-to-channel crosstalk is a measure of the level of crosstalk between any two adjacent channels. It is measured by applying a dc to the channel under test and applying a full-scale, 100 kHz sine wave signal to the adjacent channel(s). The crosstalk is the amount of signal that leaks into the test channel and is expressed in decibels.

Reference Voltage Temperature Coefficient

Reference voltage temperature coefficient is derived from the typical shift of output voltage at 25°C on a sample of parts at the maximum and minimum reference output voltage (V_{REF}) measured at T_{MIN}, T (25°C), and T_{MAX}. It is expressed in ppm/°C as

$$TCV_{REF}\,(\text{ppm/}°C) = \frac{V_{REF}\,(Max) - V_{REF}\,(Min)}{V_{REF}\,(25°C) \times (T_{MAX} - T_{MIN})} \times 10^6$$

where:
$V_{REF}\,(Max)$ = maximum V_{REF} at T_{MIN}, T (25°C), or T_{MAX}.
$V_{REF}\,(Min)$ = minimum V_{REF} at T_{MIN}, T (25°C), or T_{MAX}.
$V_{REF}\,(25°C)$ = V_{REF} at 25°C.
T_{MAX} = +85°C.
T_{MIN} = −40°C.

（ リファレンス電圧の温度特性を説明 ）

図10 ⁽⁶⁾ A−D変換動作についての解説も記載されている（AD7949；アナログ・デバイセズ）

THEORY OF OPERATION

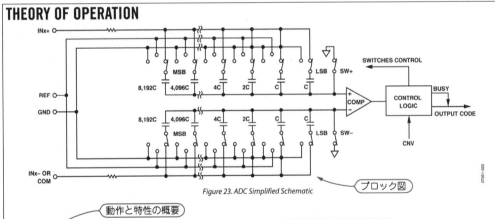

Figure 23. ADC Simplified Schematic

（ ブロック図 ）

（ 動作と特性の概要 ）

OVERVIEW

The AD7949 is an 8-channel, 14-bit, charge redistribution successive approximation register (SAR) analog-to-digital converter (ADC). The AD7949 is capable of converting 250,000 samples per second (250 kSPS) and powers down between conversions. For example, when operating with an external reference at 1 kSPS, it consumes 15 µW typically, ideal for battery-powered applications.

The AD7949 contains all of the components for use in a multichannel, low power data acquisition system, including

- 14-bit SAR ADC with no missing codes
- 8-channel, low crosstalk multiplexer
- Internal low drift reference and buffer
- Temperature sensor
- Selectable one-pole filter
- Channel sequencer

CONVERTER OPERATION

The AD7949 is a successive approximation ADC based on a charge redistribution DAC. Figure 23 shows the simplified schematic of the ADC. The capacitive DAC consists of two identical arrays of 14 binary-weighted capacitors, which are connected to the two comparator inputs.

During the acquisition phase, terminals of the array tied to the comparator input are connected to GND via SW+ and SW−. All independent switches are connected to the analog inputs.

Thus, the capacitor arrays are used as sampling capacitors and acquire the analog signal on the INx+ and INx− (or COM) inputs. When the acquisition phase is complete and the CNV input goes high, a conversion phase is initiated. When the conversion phase begins, SW+ and SW− are opened first. The two capacitor arrays are then disconnected from the inputs and connected to the GND input. Therefore, the differential voltage between the INx+ and INx− (or COM) inputs captured at the

図11 (6) 伝達特性の説明（AD7949；アナログ・デバイセズ）

TRANSFER FUNCTIONS

With the inputs configured for unipolar range (single-ended, COM with ground sense, or paired differentially with INx– as ground sense), the data output is straight binary.

With the inputs configured for bipolar range (COM = V_{REF}/2 or paired differentially with INx– = V_{REF}/2), the data outputs are twos complement.

The ideal transfer characteristic for the AD7949 is shown in Figure 24 and for both unipolar and bipolar ranges with the internal 4.096 V reference.

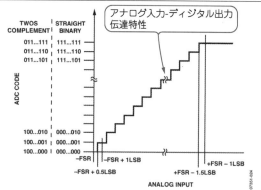

Figure 24. ADC Ideal Transfer Function

実際のアナログ値，ディジタル出力（コード）の関係を表示

Table 7. Output Codes and Ideal Input Voltages

Description	Unipolar Analog Input[1] V_{REF} = 4.096 V	Digital Output Code (Straight Binary Hex)	Bipolar Analog Input[2] V_{REF} = 4.096 V	Digital Output Code (Twos Complement Hex)
FSR – 1 LSB	4.095750 V	0x3FFF[3]	2.047750 V	0x1FFF[3]
Midscale + 1 LSB	2.048250 V	0x2001	250 µV	0x0001
Midscale	2.048000 V	0x2000	0 V	0x0000
Midscale – 1 LSB	2.047750 V	0x1FFF	–250 µV	0x3FFF
–FSR + 1 LSB	250 µV	0x0001	–2.047750 V	0x2001
–FSR	0 V	0x0000[4]	–2.048 V	0x2000[4]

[1] With COM or INx– = 0 V or all INx referenced to GND.
[2] With COM or INx– = V_{REF} /2.
[3] This is also the code for an overranged analog input ((INx+) – (INx–), or COM, above V_{REF} – GND).
[4] This is also the code for an underranged analog input ((INx+) – (INx–), or COM, below GND).

図12 (6) 標準的な利用に対応する回路図（AD7949；アナログ・デバイセズ）

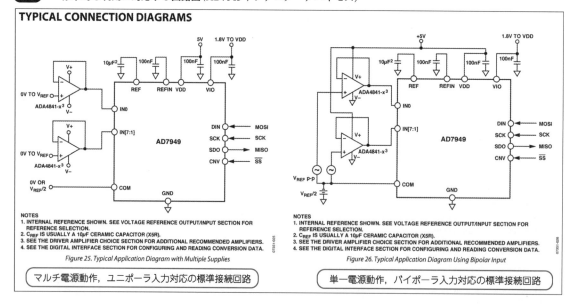

Figure 25. Typical Application Diagram with Multiple Supplies

マルチ電源動作，ユニポーラ入力対応の標準接続回路

Figure 26. Typical Application Diagram Using Bipolar Input

単一電源動作，バイポーラ入力対応の標準接続回路

圧値の理想値，出力ディジタル・コードが詳細に記載されています．

● Typical Connection Diagram

"Typical Connection Diagram" は標準接続図の項目です．**図12** にAD7949の例を示します．

ここでは，そのA-Dコンバータ製品の最も基本的な使用方法として，標準接続回路を示しています．使用方法（動作）が単一であればこの標準回路は一つですが，たとえばバイポーラ入力/ユニポーラ入力のように入力形式が異なるものであれ

図13 (6) ディジタル・インターフェースの説明（AD7949；アナログ・デバイセズ）

DIGITAL INTERFACE

The register can be written to during conversion, during acquisition, or spanning acquisition/conversion, and is updated at the end of conversion, t_{CONV} (maximum). There is always a one deep delay when writing the CFG register. Note that, at power-up, the CFG register is undefined and two dummy conversions are required to update the register. To preload the CFG register with a factory setting, hold DIN high for two conversions. Thus CFG[13:0] = 0x3FFF. This sets the AD7949 for the following:

- IN[7:0] unipolar referenced to GND, sequenced in order
- Full bandwidth for a one-pole filter
- Internal reference/temperature sensor disabled, buffer enabled
- Enables the internal sequencer
- No readback of the CFG register

Table 9 summarizes the configuration register bit details. See the Theory of Operation section for more details.

13	12	11	10	9	8	7	6	5	4	3	2	1	0
CFG	INCC	INCC	INCC	INx	INx	INx	BW	REF	REF	REF	SEQ	SEQ	RB

Table 9. Configuration Register Description

14ビットのレジスタ制御の動作セットのアサインメント

14ビットの各レジスタ動作の定義

Bit(s)	Name	Description			
[13]	CFG	Configuration update. 0 = keep current configuration settings. 1 = overwrite contents of register.			
⋮					
[2:1]	SEQ	Channel sequencer. Allows for scanning channels in an IN0 to IN[7:0] fashion. Refer to the Channel Sequencer section.			
		Bit 2	**Bit 1**		**Function**
		0	0		Disable sequencer.
		0	1		Update configuration during sequence.
		1	0		Scan IN0 to IN[7:0] (set in CFG[9:7]), then temperature.
		1	1		Scan IN0 to IN[7:0] (set in CFG[9:7]).
[0]	RB	Read back the CFG register. 0 = read back current configuration at end of data. 1 = do not read back contents of configuration.			

ば，2種類の標準回路が示されています．ここでの場合は電源供給条件，ユニポーラ/バイポーラ入力動作の違いでの両回路が提示されています．

電源バイパス・コンデンサは回路接続どおり，必ず接続しなければなりませんが，コンデンサのタイプ（アルミ電解コンデンサ，セラミック・コンデンサなど）と容量は，実情に応じてのアレンジは可能です．ただし，動作や精度への影響については事前に確認する必要があります．

● **Digital Interface（Mode Control）**

AD7949の場合，変換制御，動作モード制御を4線シリアル・インターフェース（DIN，SCK，SDO，CNV）で行うタイプのA-Dコンバータとなっています．

一般的にこのようなタイプのインターフェースでは，制御データの書き込み（Write）と変換データの読み込み（Read）の二つの動作モードがあり，いずれの場合もNビットのシリアル・データで規定された動作をレジスタにセットして使用します．

図13にAD7949のデータシートの"Digital Interface"部の抜粋を示します．この例では，14ビットのシリアル・データでレジスタ・セット（Write），A-D変換14ビット・データの読み込み（Read）を行います．

これらのインターフェースにおける機能，動作については必ず説明されているものですが，一般的に用いられるインターフェース制御方式としてはSPI方式，I²C方式などがあり，これらの規格化されているインターフェース方式をサポートしているモデルもあります．

● **Timing Diagram**

"Timing Diagram"の項目では，実際のインターフェース・クロックのフォーマット，各クロック間のタイミングの詳細について規定しているのが一般的です．

図14にAD7949の変換制御タイミングの抜粋を示します．一般的にタイミング規定では，A-Dコンバータ動作の基準となる基準クロックの周期，H/Lレベル時間，デューティ・サイクルなどが規定され，関連する各クロック（データを含む）間とのタイミング，同期が必要な場合では位相条

図14 (6) 変換制御タイミングの説明（AD7949；アナログ・デバイセズ）

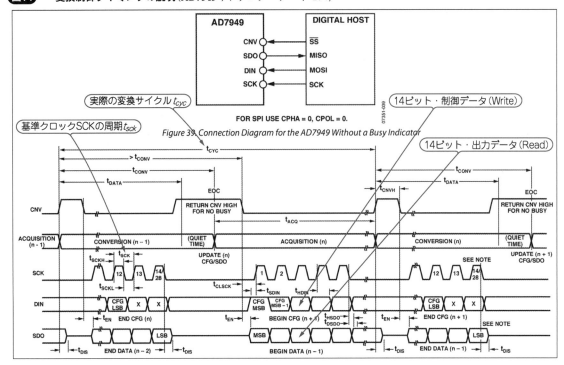

Figure 39. Connection Diagram for the AD7949 Without a Busy Indicator

件などが規定されます.

　クロック・タイミングの規定においては，t_{xx}などの時間軸tを頭文字にした記号で表記されるのが一般的です．これらの記号はメーカ間やモデルで統一されたものがないので，感覚的に馴染むまでには時間がかかるかもしれません．また，クロックのt_{xx}の規定でタイミング図で具体的な数値（たとえば$1\,\mu s_{min}$など）が併記されているものと，具体的な数値がSpecificationsの項目で規定されているものとがあります.

● **Application Information**

　"Application Information" の項目は，その言葉の表現方法はいろいろあり，単にApplicationとしている場合や，特定の項目をタイトルにして説明している場合もあります．いずれにしろ，この項目ではA−Dコンバータ製品の基本的な使用方法に対して，内部等価回路を踏まえた周辺回路との接続例や，回路定数による動作（精度，時間など）の変化などが詳細に掲載されているのが一般的です.

　図15にAD7949の "Application Hints" の抜粋から "Layout" を左側に，"External Reference" に関する説明を右側にそれぞれ示します．実際にAD7949のデータシートでは,External Reference

の項目は順番ではTypical Connectionの次にあります．このようなページ構成は，やはりメーカとモデルによって異なるので編集上のものとして捉えておけば問題ありません.

　AD7949のApplication Hints項目では，おもにプリント基板レイアウト設計の基本的な条件について解説しています．パターン・レイアウトはA−DコンバータICの実用上で非常に重要ですが，モデルによっては実例を含めて詳しく説明しているものもあります.

　External Referenceの項目では，外部のリファレンス電源を使用する場合の基本的な動作と性能（SNR）との関係を説明しています.

　このような例で示したとおり，Applicationの項目では実使用上の重要な情報が記載されていることが多いので注意深く見ることが必要です．言葉としては同じApplicationですが，データシートのフロント・ページでのApplicationは応用製品例を意味し，データシート内の説明項目でのApplicationは応用設計例を示しているのが一般的です.

● **Dimension**

　Dimensionは日本語では寸法図のことで，表現方法としては，Mechanical Informationなどのタ

図15 ⁽⁶⁾ 利用に際してのヒントも記載されている（AD7949；アナログ・デバイセズ）

APPLICATION HINTS
LAYOUT

The printed circuit board (PCB) that houses the AD7949 should be designed so that the analog and digital sections are separated and confined to certain areas of the board. The pinout of the AD7949, with all its analog signals on the left side and all its digital signals on the right side, eases this task.

Avoid running digital lines under the device because these couple noise onto the die unless a ground plane under the AD7949 is used as a shield. Fast switching signals, such as CNV or clocks, should not run near analog signal paths. Avoid crossover of digital and analog signals.

At least one ground plane should be used. It can be common or split between the digital and analog sections. In the latter case, the planes should be joined underneath the AD7949.

The AD7949 voltage reference input REF has a dynamic input impedance and should be decoupled with minimal parasitic

> ピン配置がアナログ部，ディジタル部と分かれておりクロスさせないレイアウトを推奨

> 外部リファレンスが入力インピーダンスが5kΩ以上なので，直接接続可能と説明

External Reference

In any of the six voltage reference schemes, an external reference can be connected directly on the REF pin as shown in Figure 32 because the output impedance of REF is >5 kΩ. To reduce power consumption, the reference and buffer should be powered down. For applications requiring the use of the temperature sensor, the internal reference must be active (internal buffer can be disabled in this case). Refer to Table 9 for register details. For improved drift performance, an external reference such as the ADR43x or ADR44x is recommended.

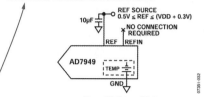

Figure 32. External Reference

Note that the best SNR is achieved with a 5 V external reference as the internal reference is limited to 4.096 V. The SNR degradation is as follows:

$$SNR_{LOSS} = 20 \log \frac{4.096}{5}$$

図16 ⁽⁶⁾ パッケージの寸法やピン配置の説明（AD7949；アナログ・デバイセズ）

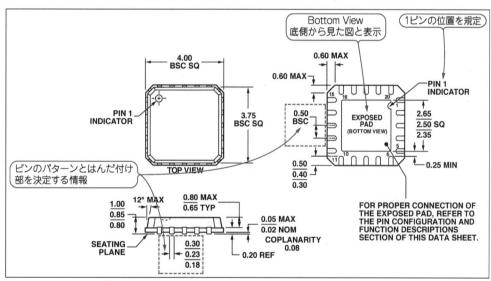

イトルで表記されている場合もありますが，基本的にA-DコンバータICのパッケージ寸法を示しています．**図16**にAD7949の"Outline Dimensions"を示します．

AD7949の場合は，4 mm×4 mmの放熱パッド（Exposed Pad）付きの超小型20リードLPCSPパッケージです．このようなやや特殊なパッケージの場合は，実際のパターン・レイアウト設計，部品実装上で重要な情報となりますので，その公差

を含めての規定は重要な情報となります．

また，ピン番号の1番の位置を誤って反対向きに実装するなどのトラブルも実在しますので，パッケージのピン（リード）の番号も重要です．ピン（リード）番号表示においては，パッケージを上面から見た図（Top View）と裏面から見た図（Bottom View）があり，これについてもメーカとモデルによって表記方法が異なる場合があります．

7-2 製品データシートに隠されているものを見抜く力

製品データシートの基本的な読みかたを身に付けた次のステップは、それをいかに活用するかが重要なものとなります。製品データシートには、その製品に関してほぼすべての情報が記載されています。この情報を十分に理解するにはそれなりの経験も必要となります。

本節ではデータシートに記載されている情報のなかで、見逃すべきでないポイントや信頼すべき情報か否かについて、実際の製品データシートを例に解説します。

● 2電源タイプの電源仕様

図17 は、オーディオ用のA-DコンバータIC PCM1804（テキサス・インスツルメンツ）の基本接続と絶対最大定格の抜粋です。

このPCM1804は、アナログ電源が+5V、ディジタル電源が+3.3Vと2電源を供給するタイプのものです。電源仕様では、アナログ電源V_{CC}の範囲、ディジタル電源V_{DD}の範囲がそれぞれ規定されています。アナログ電源はアナログ・グラウンドAGNDを基準に、ディジタル電源はディジタル・グラウンドDGNDをそれぞれ基準にしています。

製品の仕様説明でもこれらのAGND、DGNDは共通接続で使用することを説明していますが、AGNDピン、DGNDピンをそれぞれ別のグラウンドに接続してしまうこともあります。

図17 (7) オーディオ用A-DコンバータICの基本接続と絶対最大定格の抜粋（PCM1804；テキサス・インスツルメンツ）

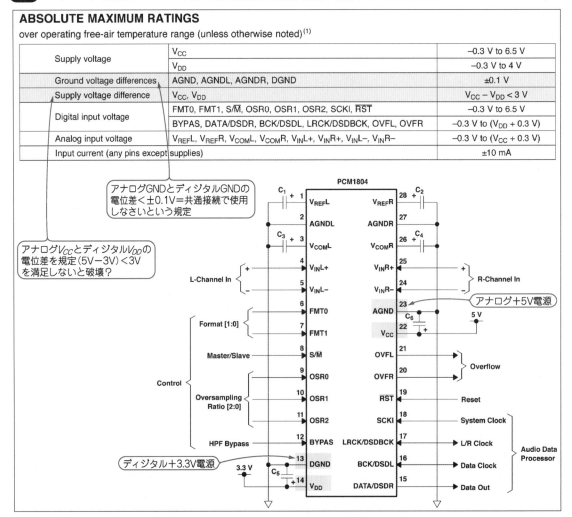

ABSOLUTE MAXIMUM RATINGS

over operating free-air temperature range (unless otherwise noted)[1]

Supply voltage	V_{CC}	−0.3 V to 6.5 V
	V_{DD}	−0.3 V to 4 V
Ground voltage differences	AGND, AGNDL, AGNDR, DGND	±0.1 V
Supply voltage difference	V_{CC}, V_{DD}	$V_{CC} - V_{DD} < 3$ V
Digital input voltage	FMT0, FMT1, S/$\overline{M}$, OSR0, OSR1, OSR2, SCKI, $\overline{RST}$	−0.3 V to 6.5 V
	BYPAS, DATA/DSDR, BCK/DSDL, LRCK/DSDBCK, OVFL, OVFR	−0.3 V to (V_{DD} + 0.3 V)
Analog input voltage	V_{REF}L, V_{REF}R, V_{COM}L, V_{COM}R, V_{IN}L+, V_{IN}R+, V_{IN}L−, V_{IN}R−	−0.3 V to (V_{CC} + 0.3 V)
Input current (any pins except supplies)		±10 mA

アナログGNDとディジタルGNDの電位差<±0.1V＝共通接続で使用しなさいという規定

アナログV_{CC}とディジタルV_{DD}の電位差を規定（5V−3V）<3Vを満足しないと破壊？

ここで, 絶対最大定格を見ると"Ground Voltage Difference", すなわち各GNDピン間の電位差が規定されています. その値は±0.1V以下です. 実際のシステムにおいて, この0.1V程度のGND電位差は発生しても不思議ではありません. そして, その0.1V以上の電位差は絶対最大定格を越える条件となってしまいます. 逆に言えば, AGNDとDGNDは共通接続で使用する(同じGNDに共通接続すれば電位差の発生はほとんどない)ことを強く推奨しているのと同じ意味をもっています.

一方, +5V電源と+3.3V電源は両電源の電源時定数の違いにより, それぞれ電源ON/OFFの過渡状態が存在します. たとえば, +5V電源がONとなり完全に+5Vに立ち上がっても, +3.3V電源はONであってもまだ+3.3Vに達する途中である場合があります. 定常状態の両電源の電位差は$(5-3.3) = 1.7$Vです.

ここで, 絶対最大定格の"Supply Voltage Difference(供給電源電圧差)"を見ると, $V_{CC} - V_{DD} < 3$Vと規定されています. すなわち, 定常状態では$V_{CC} - V_{DD} = 1.7$Vで問題ありませんが, $V_{CC} = +5$V(規定電圧), $V_{DD} = +1$V(+3.3Vまでの過渡状態, $5-1 = 4$V), または$V_{DD} = 0$V(ディジタル電源OFF, $5-0 = 5$V)の各状態は絶対最大定格を越えることになります. すなわち, V_{CC}電源とV_{DD}電源は同じ立ち上がり/立ち下がりの過渡特性が求められることになります.

これらの例で示した電源およびGND接続の条件の各解釈は, データシートに説明文として記載されているわけではありません. しかし, 絶対最大定格の規定項目とその規定値をそのまま適用すれば解釈のとおりであり, これを見抜くか否かで基本的な使用方法, 設計に対する対応は変わり, 余計なトラブルを未然に防ぐことができます.

図18 (9) 16ビット$\Delta\Sigma$型A-Dコンバータの"Typical Application"(LTC2453；リニアテクノロジー)

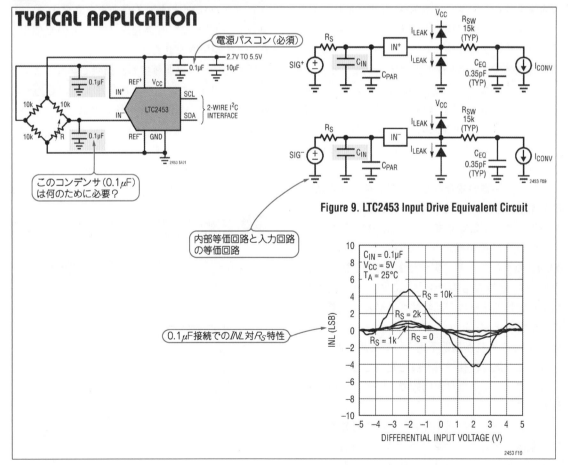

Figure 9. LTC2453 Input Drive Equivalent Circuit

● 何のための部品か…必ず目的があるはず

"Typical Application" での標準接続回路において，電源にバイパス・コンデンサを接続するのは当然ですが，目的が不明な部品が接続されている回路例を見ることがあります．**図18** に16ビットΔΣ型A-DコンバータLTC2453（リニアテクノロジー）での例を示します．

図の左側の "Typical Application" で示されている回路では抵抗ブリッジが入力となっていますが，入力端子IN$^+$，IN$^-$の両入力に0.1 μFのコンデンサが接続されています．ここで，なぜコンデンサが接続されるのか，なぜ容量値が0.1 μFなのかについて疑問をもたず指示どおり設計する方もいるかもしれませんが，この使用目的を理解することは重要です．

実は，この回路でのコンデンサの接続は直線性誤差にも関係する重要な機能を有しています．図の右側にデータシートの抜粋からのA-Dコンバータの入力等価回路（上側），結果としてのコンデンサ容量，信号源抵抗R_Sと積分直線性誤差（INL）の関係を示したグラフ（下側）をそれぞれ示します．

データシートの説明から，入力等価回路のC_{EQ}はサンプリング動作による容量であり，R_{SW}は内部入力抵抗です．A-D変換で発生するスイッチング・ノイズは，このC_{EQ}とR_{SW}である程度除去されますが，IN$^+$，IN$^-$の両端子にバックされています．一方，信号源抵抗R_Sと入力端子のコンデンサC_{IN}によるフィルタ効果により，さらに除去可能です．

これらの影響の総合として，INL対信号源抵抗R_S特性がこのように影響されると示しているのが右下のグラフとなります．また，0.1 μFのコンデンサは高品質が指定されています．すなわち，0.1 μFのコンデンサは実使用上（精度を維持するうえでも）必要なものであり，この項目の説明を見ると信号源抵抗のINL特性への影響も理解することができます．

● クロック条件が説明不足？…でも規定あり

ここでの例は，仕様（精度）を規定している条件のなかでクロック条件が明確でない例について触れてみます．

データシートで仕様を保証している動作条件には，電源，温度などがありますが，ある40 MHzサンプリングの12ビットA-Dコンバータではクロックに関して「f_{CLK} = 40 MHz，t_r = t_f = 3 ns」という条件が記載されています．

このt_r，t_fというものの定義が仕様上では出てきませんが，常識的にクロックの立ち上がり時間（t_r；rising time）と立ち下がり時間（t_f；falling time）であることは想像できます（**図19**）．アプリケーション情報の項目では，「…3 ns未満とします」という表現があるので，まず間違いありません．また，性能保証のデューティ・サイクルの記述では，「性能はデューティ・サイクル = 50％で保証」という重要なことが記述されています．さらには，「一般的には」という曖昧な表現で始まり，「40％から60％のデューティ・サイクルの範囲で性能は維持されます」と記述されています．何気ないようですが，これは実際にはシリアスな条件となります．

すなわち，クロックのデューティ・サイクルを50％にきちんと管理しないと性能保証ではないことを意味していると同時に，50％からずれた場合の性能劣化が明確になっていません．また，クロックのt_f，t_rともに3 ns未満を満足するには，ロジックICとしても高速タイプのものを使用しないと実現できません．

情報（データ）は明確でも，推奨と異なるところが判断を迷わせるケースもあります．**図20** は，10ビット，80 MHzサンプリングA-DコンバータMAX1448（マキシム）のデータシートの仕様説明項目からの抜粋です．

各特性を規定している "Electrical Characteristics" の項目では，クロック・デューティは

図19 40 MHzサンプリング，12ビットA-Dコンバータのクロック条件

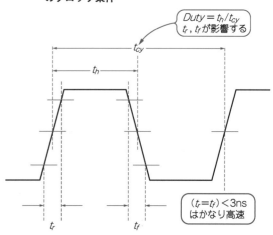

50％の条件となっていますが，この説明項目に表示されている特性グラフを見ると，THD，SFDRなどのダイナミック特性でのデューティ・サイクルは50％が最良点ではなく，45％付近が最良点となっています．このグラフから見ると50％が最良ではないようですが，全特性の規定は50％条件なので50％で設計すべきです．

このような例で示したとおり，高速A-Dコンバータの場合，その基準動作クロックは規定の性能(精度)を実現するうえで重要なものとなるので，仕様，アプリケーション説明の確認と設計上での実行は重要です．

● アパーチャ・ジッタ…クロックが重要

図21 は前述のMAX1448のアパーチャに関する仕様と説明の抜粋です．アパーチャ誤差の定義については第4章の4-5で説明したとおりです．ここでの見かたは，A-Dコンバータ内のS＆H機能での誤差と供給される外部動作クロックで発生する誤差がそれぞれあり，実際の動作では両者の総合で決定することを理解する必要があります．

図21 の上部は特性規定からの抜粋で，A-Dコンバータ内のS＆H部分でのアパーチャ・ジッタが$2 \, \text{ps}_{\text{RMS}}$存在することを規定しています．実際にこの$2 \, \text{ps}_{\text{RMS}}$のアパーチャ・ジッタが存在しても，各ダイナミック特性はそれを含めて規定されているので問題ありません．

しかし，実際の動作においては供給される外部クロックで動作するので，この外部クロックのもつアパーチャ・ジッタは変換性能に影響します．その影響度合いは，**図21** の下部の説明文およびSNRを示す式のとおりとなります．

● 消費電流の規定とデータが違う？

データシートの仕様において，その規定条件が不明確であり，標準特性グラフと値が異なっているケースがあります．**図22** に20ビット低消費電流A-Dコンバータでの例を示します．

消費電流I_{CC}は，変換動作中について$200 \, \mu\text{A}_{\text{typ}}$，$300 \, \mu\text{A}_{\text{max}}$で規定しています．この規定で，最大でも$300 \, \mu\text{A}$であるのはわかりますが，電源電圧が条件にないので電源電圧V_{CC}の最大値5.5 Vでのものであるかは推測でしかありません．通常の電源は5.0 Vであり，誤差が±10％，＋側に10％であれば5.5 Vなので親切な仕様かもしれませんが，3.3 V系電源で動作させることもできるので，5 V，3.3 Vの条件でのtyp値，max値の規定を確認したいところです．

図20 (10) **10ビット，80 MHzサンプリングA-Dコンバータのデータシートの仕様説明**(MAX1448；マキシム)

MAX1448のクロック入力は、電圧スレッショルドが$V_{DD}/2$に設定された状態で動作します。<u>50％以外のデューティサイクルを持つクロック入力は</u>、「Electrical Characteristics」に記述されているハイとローの期間の仕様を満たす必要があります。スプリアスフリーダイナミックレンジ(SFDR)、信号対雑音比(SNR)、全高調波歪み(THD)、又は信号対雑音＋歪み(SINAD)対デューティサイクルとの関係については、図3a、3b、4a及び4bを参照して下さい。

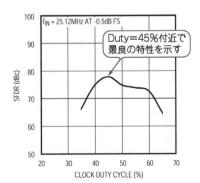

図3a. スプリアスフリーダイナミックレンジ対クロックデューティサイクル(差動入力)

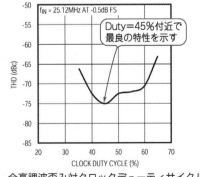

図4a. 全高調波歪み対クロックデューティサイクル(差動入力)

このケースでやや混乱するのは，データシートでの標準特性カーブのグラフです（図22）．グラフの横軸はOutput Data Rate（出力データ・レート），すなわち変換レートと理解できますが，仕様項目ではConversion Timeで規定しています．

typ値の133.53 msを回数に変換すると7.5回になるので，グラフのOutput Date Rateの7〜8回のところの数値を見ると，確かに250 μA程度で仕様規定に近い値と読み取れます．

しかし，このグラフはより高い出力データ・レ

図21 (10) **アパーチャに関する仕様と説明**（MAX1448；マキシム）

Full-Power Bandwidth	FPBW	Input at -0.5dB FS, differential inputs	400	MHz
Aperture Delay	t_{AD}		1	ns
Aperture Jitter	t_{AJ}		2	ps_{RMS}

理想クロックでの動作．
S&H回路で発生する特性

実際のクロックに要求する仕様．
実際のクロックで発生する誤差

クロック入力(CLK)

MAX1448 CLK入力はCMOSコンパチブルのクロック信号を受け付けます。デバイスの段間での変換は外部クロックの立上がり及び立下がりエッジの繰返し性に依存するため、低ジッタ、高速立上がり及び立下がり時間(<2ns)を持つクロックを使用して下さい。特に、サンプリングはクロック信号の立下がりエッジで発生するため、このエッジのジッタは最低限であることが必要です。アパーチャジッタが大きいと、ADCのSNR性能が次のように制限されます。

$$SNR = 20\log (1 / 2\pi f_{IN}t_{AJ})$$

ここで、f_{IN}はアナログ入力周波数を表し、t_{AJ}はアパーチャジッタの時間を表します。

図22 **20ビット低消費電流A-Dコンバータの変換電流と出力データ・レートの例**

電源条件

SYMBOL	PARAMETER	CONDITIONS	MIN	TYP	MAX	UNITS
V_{CC}	Supply Voltage		2.7		5.5	V
I_{CC}	Supply Current					
	Conversion Mode	$\overline{CS}$=0V (Note 12)		200	300	μA
	Sleep Mode	$\overline{CS}$=V_{CC} (Note 12)		4	10	μA
	Sleep Mode	$\overline{CS}$=V_{CC}, 2.7V≤V_{CC}≤3.3V (Note 12)		2		μA
t_{CONV}	Conversion Time	F_0=0V	130.86	133.53	136.20	ms
		F_0=V_{CC}	157.03	160.23	163.44	ms

Note12：コンバータは内部発振器を使用する．
F_0=0VまたはF_0=V_{CC}.

300μAを最大として理解．
ただし，条件が不明確

Conversion Time
Output Data Rate
同じもの

300μA以上のSupply Current
規定とどう関係する？

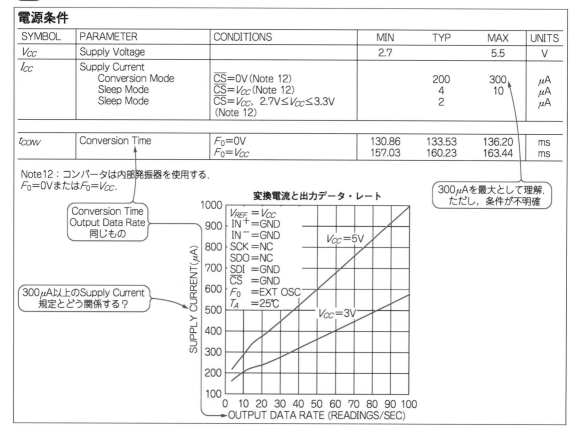

変換電流と出力データ・レート

V_{REF} = V_{CC}
IN$^+$ = GND
IN$^-$ = GND
SCK = NC
SDO = NC
SDI = GND
$\overline{CS}$ = GND
F_0 = EXT OSC
T_A = 25℃

V_{CC}=5V
V_{CC}=3V

SUPPLY CURRENT(μA)
OUTPUT DATA RATE (READINGS/SEC)

ート（10〜100回）を示しているので，その場合の消費電流がこのグラフのような特性となることは理解できますが，説明がないので，こうであろうという推測でしかありません．また，この仕様とグラフを見比べると混乱を招く恐れもあります．

● なぜ同じ機能のピンが多いのか

A–DコンバータICの各ピン（端子）は，それぞれの機能を有しています．たとえば，アナログ信号入力はV_{in}，データ出力はDoutなど，それぞれの機能に対応しています．しかし，モデルによっては同じ機能のピンが複数あるいは多数存在するものがあります．**図23**に625 ksps, 24ビットΔΣ型A–Dコンバータ ADS1672（テキサス・インスツルメンツ）の電源仕様とピン配置を示します．

電源はアナログ5 V（AV_{DD}），ディジタル3 V（DV_{DD}）の2電源で，アナログ電源電流は51 mA_{typ}，ディジタル電源電流は28 mA_{typ}（CMOS），33 mA_{typ}（LVDS）と比較的大きくなっています．

一方，ピン配置を見るとアナログ/ディジタル両電源とアナログ/ディジタル両GND（AGNDと

DGND）の機能を有するピンが非常に多く存在します．この意味するところは何でしょうか．

まずは内部配線許容電力があります．内部回路とパッケージのピン間はワイヤ接続されていますが，51 mAという電流はワイヤ1本では対応できないので複数個で接続する必要があります．

さらには特性上の対策です．特性上の問題の一つは，GNDに対する感度（グラウンド・インピーダンスと電源電流で発生する電位変動による精度への影響）が考えられます．

特性上の問題のもう一つは，内部回路の最適化動作です．アナログ部，ディジタル部ともに内部回路構成ではいくつかの主要機能ブロックに分けられ，その各ブロックは独立した電源供給を行うのが精度実現上で重要な要素となります．ICの外では最終的には共通の電源/GNDとなりますが，少なくともIC内では独立したパスをもたせることによって，相互干渉的要素も含めてよりよい結果を得ることができるはずです．

別の見かたをすると，これだけ電源ピンと

図23 (7) 625 ksps, 24ビットΔΣ型A–Dコンバータの電源仕様とピン配置（ADS1672；テキサス・インスツルメンツ）

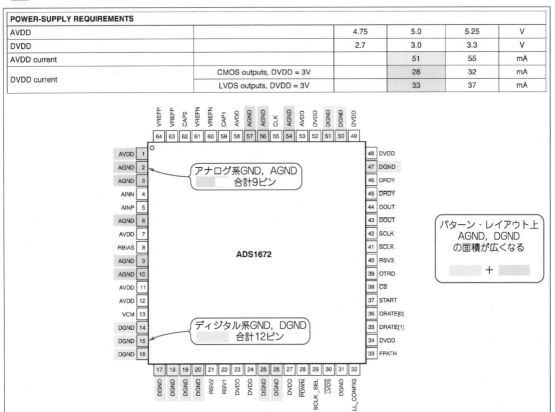

POWER-SUPPLY REQUIREMENTS					
AVDD		4.75	5.0	5.25	V
DVDD		2.7	3.0	3.3	V
AVDD current			51	55	mA
DVDD current	CMOS outputs, DVDD = 3V		28	32	mA
	LVDS outputs, DVDD = 3V		33	37	mA

GNDピンが多いと，実装のパターン・レイアウトにおいてもグラウンド・プレーン面積は広くせざるをえません．これは結果的に電源-GND間の低インピーダンス化に寄与することになります．

ここで解説したことは当然データシートに明記しているものではありません．しかし，少しでも疑問をもてばその背景に接することができ，さらには設計上の大きなヒントともなってきます．

ディザによる特性の改善

A-Dコンバータの扱う信号には多くの種類がありますが，変換データの精度が聴覚や視覚といった人間の感性に影響するものの場合，量子化ノイズそのものが大きく影響する場合があります．このようなアプリケーションにおいては，あえてA-Dコンバータの入力信号に特定の信号を加えて，微小信号に対する量子化ノイズを改善する手法があります．

一般的に，この特定の信号をディザ（dither）といいます．ディザにはいくつかの手法が提言されていますが，微小サイン波信号に対して分解能以上の分解能効果と信号サイン波の高調波レベルを改善する目的で用いられる信号をディザと定義しています．

● ディザ信号の実際

1 LSBの振幅（ピーク-ピーク）レベルをもつサイン波信号のA-D変換（理想D-Aで再現した）波形は，**図A(a)** に示すように単純なH/Lレベルで2値の矩形波になります．サイン波の正の部分はHレベル，負の部分はLレベルとなり，元のサイン波信号とは大きな差異があり，大きな量子化誤差を含んでいることを示しています．

ここで，**図A(b)** に示すように入力サイン波にノイズ（ディザ）を加えるとH/Lレベルの2値は変わ

りませんが，時間軸でサイン波に近似したパルス密度（幅）をもつ矩形波となることがわかります．

最適なディザのレベルについては，すでにいくつかの先駆者によって論文が発表されており，そのディザの大きさはLSBの1/3とされています．

分解能nと最大信号振幅V_{ref}が決定すれは，ディザ信号V_{dither}は次式で示すことができます．

$$V_{dither} = \frac{1}{3} \frac{V_{ref}}{2^n}$$

● ディザによる *THD* 特性の改善

ディザの効能は微小信号での全高調波（*THD*）特性の改善にありますが，一種のノイズを加えることになるのでS/N値はそのぶん悪化することになります．しかし，アプリケーションによっては*THD*の改善によるメリットのほうが大きい場合があります．

図B(a) は1kHzのサイン波信号の最小振幅（LSB）での*THD*を測定したFFTスペクトラムで，2次～9次の間に高調波成分が多く含まれていることを示しています．一方，**図B(b)** はディザを加えた場合のスペクトラムです．

図A 1 LSB振幅のサイン波の量子化

（a）ディザなし　　　　　　　　　　　（b）ディザあり

図B ディザによる *THD* 特性の改善

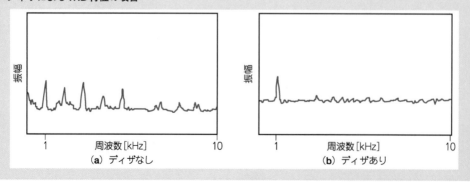

（a）ディザなし　　　　　　　　　　　（b）ディザあり

7-3

メーカからは多数のアプリケーション資料が発行されている
アプリケーション・ノートの活用

基礎編

実践編

　多くの半導体メーカではさまざまなスタイルでのアプリケーション資料を公開,供給しています.多くの場合は,各企業のHPから簡単に入手可能ですが,目的に合ったものを見つけ出すには若干の労力を必要とします.

　これらのアプリケーション資料は,

(1) 特定製品の動作,機能,性能などを補足解説するもの

(2) 特定製品の設計上での注意点について解説するもの

(3) 特定製品の実際の応用回路例について解説するもの

(4) 特定製品の評価ボードについて解説するもの

(5) 製品ファミリのアーキテクチャや基本原理について解説するもの

(6) 製品ファミリのテスト,評価方法について解説するもの

(7) これらの説明の複合,組み合わせ解説

などに大別することができます.

　したがって,それぞれ目的の違いによりスタイ

図24 (6) アプリケーション・ノート "The PGA on Σ-Δ ADCs" の抜粋(アナログ・デバイセズ, AN-610)

ANALOG DEVICES

AN-610
APPLICATION NOTE

One Technology Way • P.O. Box 9106 • Norwood, MA 02062-9106 • Tel: 781/329-4700 • Fax: 781/326-8703 • www.analog.com

The PGA on Σ-Δ ADCs

By Adrian Sherry

該当する製品ファミリと内部等価回路

INTRODUCTION

The AD7708/AD7718, AD7709, AD7719, AD7782/AD7783 high resolution Σ-Δ ADCs all feature a Programmable Gain Amplifier (PGA) at the input to the Σ-Δ modulator as shown in Figure 1.

Figure 1. Σ-Δ ADC with PGA

This Application Note discusses the use and benefits of this PGA.

INPUT RANGES

The Programmable Gain Amplifier (PGA) on the AD7708/AD7709/AD7718/AD7719 offers a choice of eight input ranges to the ADC. With a 2.5 V reference, the eight differential ranges are nominally ±2.56 V, ±1.28 V, ±640 mV, ±320 mV, ±160 mV, ±80 mV, ±40 mV, and ±20 mV. In unipolar mode, the range is from 0 V to 2.56 V, and so on. If the reference is doubled to 5 V, then the maximum full-scale input for each range is doubled, similarly if the reference is halved, the full-scale range is also halved. So the actual signal range for any PGA setting is,

$$\pm\frac{V_{REF} \times 1.024}{2^{7-RN}}$$

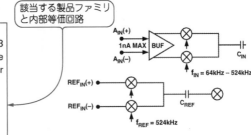

Figure 3. Input and Reference Model

SUMMARY

The PGA on this family of ADCs offers the benefit of higher resolution/lower noise at high gains, but without the disadvantage of requiring regular calibration every time the range is changed. A buffered input and a new reference sampling scheme avoid many of the problems associated with previous multirange ADCs.

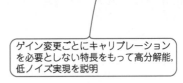

ゲイン変更ごとにキャリブレーションを必要としない特長をもって高分解能,低ノイズ実現を説明

ルは異なっても内容としては有益な情報を得ることができます．これらのアプリケーション資料を活用するか否かは設計者の自由ですが，知っているのといないのでは大きな差があります．盲目的に資料を見るのでなく，目的をもってその情報の真意と信頼性について確認することが重要です．

また，これらとは別に，製品の置き換えや選択に関する案内的要素の情報や，制御ソフトウェア，ドライバに関する情報もあります．

● 内部動作を説明した例

図24 に，アナログ・デバイセズ社のアプリケーション・ノート "The PGA on Σ-Δ ADCs

(AN-610)" の抜粋を示します．ここでは，PGA (Programmable Gain Amp)を内蔵するA-Dコンバータ製品において，内蔵PGAがどのように動作し，仕様に影響しているかを説明しながら，最終的にA-Dコンバータとしての仕様(精度)を実現していることを示しています．

アナログ・デバイセズ社においては，ΔΣ変調をΣ-Δ変調と表記していますが，実質的には同じものととらえてかまいません．A-Dコンバータ本体(A-D変換部)の入力回路，リファレンス回路の等価回路に対してPGAは誤差のないドライブ能力が要求されますが，内蔵PGAはそれら

図25 (6) リファレンス電圧やコンデンサ容量の精度への影響について説明した「Pul SAR ADC サポート回路の解説」の抜粋(アナログ・デバイセズ，AN-931)

ANALOG DEVICES

AN-931
アプリケーション・ノート

PulSAR ADC サポート回路の解説
著者: Martin Murnane、Chris Augusta

はじめに

逐次比較レジスタ (SAR) A/D コンバータ (ADC)は、分解能を向上させる種々の新しい技術を採用しています。これらのデバイスの動作を理解することは、故障や誤動作問題の発生を防止するために重要です。このアプリケーション・ノートでは、SAR ADC を使用する際に遭遇する落とし穴について一般的に説明し、さらに、これらを容易に回避できる重要な方法を説明します。

PulSAR の動作

アナログ・デバイセズの PulSAR® ファミリーの ADC では、分解能 18 ビットまでの SAR ADC に内部スイッチド・キャパシタ技術を採用しています。これは、CMOS プロセスでは高価な薄膜レーザー・トリミングが不要なことを意味しています。

AD7643 の簡略化した入力ステージを図 1 に示します。1.25 MSPS を変換できる 18 ビット ADC の AD7643 は、新しい SAR ADC で一般的に使用されている電荷再配分型 D/A コンバータ (DAC)を採用しています。SAR アルゴリズムでは、2 つのフェーズで ADC 出力コードを決定しています。最初のフェーズは、アクイジション・フェーズで、ここでは始めに SW+ と SW− を閉じます。すべてのスイッチが IN+と IN− のアナログ入力に接続されるため、各コンデンサは入力からのアナログ信号を取得するサンプリング・コンデンサとして使用されます。2 番目のフェーズは変換フェーズで、ここでは SW+ と SW− が開きます。入力は内部コンデンサから切り離され、コンパレータ入力に接続されます。このためコンパレータは不安定な状態になります。SAR アルゴリズムの詳細は省略しますが、REF と REFGND の間でアレイの各エレメントを切り替えると、MSB を先頭にコンパレータが平衡状態に戻り、アナログ入力信号を表す出力コードが発生されます。

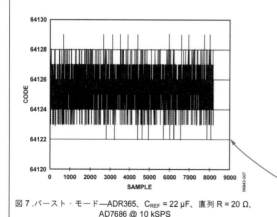

図 7 .バースト・モード—ADR365、C_{REF} = 22 µF、直列 R = 20 Ω、AD7686 @ 10 kSPS

リファレンス条件による精度への影響の検証

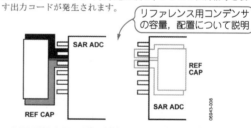

図 8．SAR ADC と同じ PCB 面または PCB 裏面に配置したリファレンス電圧コンデンサ

リファレンス用コンデンサの容量，配置について説明

 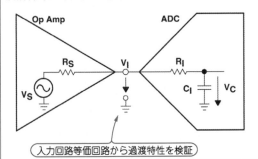

の要求を満足しており，ユーザ自身はPGAに対して特別な配慮を必要としません．

● **動作条件による精度への影響を説明した例**

図25にアナログ・デバイセズ社の特定アーキテクチャを使用したA-Dコンバータ・シリーズでのリファレンス電圧やコンデンサ容量の精度への影響について説明した「Pul SAR ADCサポート回路の解説（AN-931）」の抜粋を示します．

この解説では，推奨されるリファレンス電圧とそのドライブ回路が精度に大きく影響することや，電源バイパス・コンデンサの推奨容量と接続法，パターン・レイアウトの推奨について説明されています．

"PulSAR"は同社独自の変換方式の名称です．逐次比較型A-Dコンバータの入力部，すなわちS&H回路がスイッチト・キャパシタで構成され

ていますが，同社独自開発の特長をもつ構成に対してPulSARと命名しています．

スイッチト・キャパシタはサンプリング周波数でのスイッチング動作を行うため，このスイッチング・ノイズや入力側へのリークが実使用上の問題となります．この資料では，それらに対するソリューションを説明しています．

● **入力回路の精度への影響を解説した例**

特定アーキテクチャ製品の入力回路について補足解説し，精度へどのように影響するかを示した例として，**図26**にテキサス・インスツルメンツ社の「スイッチド・キャパシタADコンバータのアナログ入力の計算（JAJA090）」の抜粋を示します．

前述のアナログ・デバイセズ社のものと似ていますが，ここでは逐次比較型A-Dコンバータでよく用いられる入力回路（スイッチト・キャパシ

図26 (7)「スイッチド・キャパシタADコンバータのアナログ入力の計算」の抜粋(テキサス・インスツルメンツ, JAJA090)

参 考 資 料

TEXAS INSTRUMENTS
www.tij.co.jp

Application Report
JAJA090

スイッチド・キャパシタADコンバータの
アナログ入力の計算

1. はじめに

多くの逐次比較型アナログ-デジタル・コンバータ（ADコンバータ）では、スイッチド・キャパシタ・アレイ・アーキテクチャが使用されています。1次近似ADコンバータに対するアナログ入力は、電気的には直列抵抗とそれに続くグラウンド接続のキャパシタとして表すことができます(図1参照)。

アナログ入力のサンプリング時間中、キャパシタは内部直列抵抗（内部スイッチの直列抵抗）を介してアナログ駆動源に接続されています。これから述べる解析では、所要のADコンバータの変換精度を得るためにこの入力回路を外部駆動源抵抗の最大値に関連付けます。

4. 要約

このアプリケーション・レポート中に出てくる計算が示すのは、あるADコンバータの駆動源抵抗の最大値はサンプリング時間および回路パラメータによって様々に変化し、次の式を使用すれば、それに応じた必要な精度を求められるということです。

$$Rs = \frac{Ts}{Ci \times Ln\ 2^{N+m}} - ri$$

要求仕様（精度）に必要な信号源抵抗 R_S を数式で解説

ここで、
- Rs = 駆動源抵抗
- Ts = ADコンバータの固有サンプリング時間
- Ci = ADコンバータの等価入力容量
- ri = ADコンバータの等価入力抵抗
- N = ADコンバータの分解能（ビット単位）
- m = LSBの1/2mの精度を達成するために必要な、追加の分解能ビットと等価の数

Op Amp **ADC**

入力回路等価回路から過渡特性を検証

タ回路)の等価回路と，入力回路との組み合わせで発生する時定数と過渡特性を説明し，最終的に目的とする分解能(精度)を得るために必要な入力回路条件について解説しています．

この資料では，入力インターフェースによる時定数とそれによる過渡応答，ステップ応答性について中心に解説しています．

● 精度に関する補足，実力値を解説した例

データシートに記載されている特性(精度)にはいくつかのものがあります．これらの精度のなかで，予測できない特性(精度)についての予測方法について解説している例があります．

図27にテキサス・インスツルメンツ社の「ADコンバータにおけるビットばらつきの推定方法(JAJA134)」の抜粋を示します．この資料では，A-DコンバータのENOB(有効ビット)のヒストグラムと数学的な分布係数からの雑音レベルの分布(NFB)を換算し，出力のばらつきをノイズとして扱う場合の考えかたについて解説しています．

12ビット分解能においては，入力条件(信号)が一定であれば，サンプリングごとのディジタル出力データも一定値となります．分解能が高くなり16ビット程度となると変換誤差の影響が大き

図27 (7) 「ADコンバータにおけるビットばらつきの推測方法」の抜粋(テキサス・インスツルメンツ，JAJA134)

TEXAS INSTRUMENTS
www.tij.co.jp

参　考　資　料

JAJA134– 2008年2月

ADコンバータにおけるビットばらつきの推定方法

発生頻度

$-\infty$　　　　　　　　　$+\infty$
雑音レベル

σ
(ENOB)
4σ
6.6σ
ピーク・ピーク換算 (NFB)

図1. 正規(ガウス)分布とENOB／NFBとの関係

ENOBとNFBの関係を分布定理で換算

表1．各ファクタと発生確率の関係

ファクタ	NFB (ビット)	発生確率 (%)	備　考
$2\sigma(\pm\sigma)$	ENOB−1	68.3	$2^{1ビット} = 2倍$
$3\sigma(\pm1.5\sigma)$	ENOB−1.56	86.6	$2^{1.56ビット} = 3倍$
$4\sigma(\pm2\sigma)$	ENOB−2	95.4	$2^{2ビット} = 4倍$
$5\sigma(\pm2.5\sigma)$	ENOB−2.32	98.8	$2^{2.32ビット} = 5倍$
$6.6\sigma(\pm3.3\sigma)$	ENOB−2.73	99.7	$2^{2.73ビット} = 6.6倍$

5　まとめ

本アプリケーションノートでは、ビットのばらつきがどの程度あるかを表す指標として、NFBの概念を説明してきました。デバイスによって、データシートにSNRのみの値が記載されているものや代表的特性曲線(Typical Characteristics.)としてENOBまで記載されているものもありますので、デバイス毎に使用できる参照パラメータが異なる事にご注意下さい。また、最近の高分解能ADコンバータでは、ほとんどのケースでNFBの実力を示すヒストグラムのデータが記載されております。(図8～10) 従いましてそれらから算出し、比較検討する方法も簡易的に出来る為有効な手段です。

ビットばらつきをノイズ(NFB)概念で説明

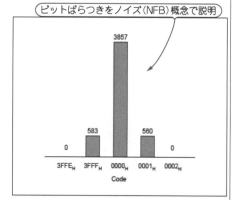

図8. ADS8324(14ビット/50Ksps)

くなるので，サンプリングごとのディジタル出力データは一定値でなく，ある値を中心にしてばらつきが発生します．このばらつきをノイズとして扱う場合，ノイズとしての分布（値）を予測する方法を説明しています．

● 変換方式について解説した例

A-Dコンバータの変換方式について解説した資料も多くあります．

図28にマキシム社の"Understanding Pipelined ADCs（Application Note 1023）"の抜粋を示します．このアプリケーション・ノートでは，パイプライン型A-Dコンバータの基本ブロック図，内部動作，ほかの方式に比べての特長について詳しく解説しています．

変換方式を理解するうえで有益であり，動作を理解することによって実設計に知識を反映することもできます．注意点としては，変換方式においてはそのメーカ独自の構成や表現があることです．したがって，ここではマキシム社のパイプライン型A-Dコンバータとして理解すべきです．実際，マキシム社の当該製品におけるパイプラインの基本構成では，フラッシュ型A-Dコンバータ，DACともに3ビット量子化のもので構成されています．一般的には2ビットですから，これはマキシム社独自の回路構成となっています．

● 入力レンジを拡大する応用回路を解説した例

A-Dコンバータの入力信号範囲は，個別に固定値で決まっているものと，外部リファレンス（REF）などで決まるものがあります．後者の場合，一般的にはリファレンス電圧は単一であり，

図28 (10) "Understanding Pipelined ADCs" の抜粋（マキシム，Application Note 1023）

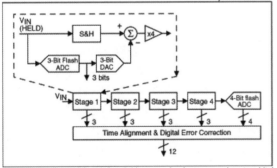

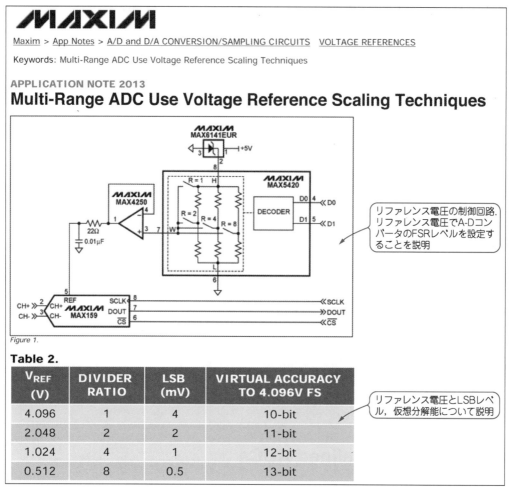

Maxim > App Notes > A/D and D/A CONVERSION/SAMPLING CIRCUITS　VOLTAGE REFERENCES

Keywords: Multi-Range ADC Use Voltage Reference Scaling Techniques

APPLICATION NOTE 2013

Multi-Range ADC Use Voltage Reference Scaling Techniques

Figure 1.

Table 2.

V_{REF} (V)	DIVIDER RATIO	LSB (mV)	VIRTUAL ACCURACY TO 4.096V FS
4.096	1	4	10-bit
2.048	2	2	11-bit
1.024	4	1	12-bit
0.512	8	0.5	13-bit

このリファレンス電圧で入力信号範囲，最小信号レベル，LSBも決定されます．ここでは，このリファレンス電圧をレベル変更することによって，対応するLSB信号を拡大（高分解能化）する例を示します．**図29**にマキシム社の"Multi Range ADC Use Voltage Reference Scaling Techniques（Application Note 2013）"の抜粋を示します．

ここでは，10ビットA-DコンバータMAX159とディジタル制御電圧ディバイダIC MAX5420との組み合わせによるリファレンス電圧の外部制御回路を示しています．このリファレンス電圧の制御により，A-DコンバータのLSB電圧も変化し，もともとの10ビット分解能を最大13ビット相当の分解能にまで向上させることができます．

● **実用的な入力回路を解説した例**

A-Dコンバータは分解能と変換速度のパラメータで多くの種類が存在しますが，高分解能（高精度）での入力方式は差動（バランス）方式が一般的に用いられています．

ここでは，シングルエンド入力において高精度を実現するための方法について解説している例を示します．**図30**にリニアテクノロジー社の"A Correction of Differential to Single-ended Signal Conditioning Circuits for Use with the LTC2400…（Application Note 78）"の抜粋を示します．

この資料においては，もとの差動信号をシングルエンド信号に変換する回路，具体的には同社のLTC1043という差動-シングルエンド変換ICを使用しての信号変換回路と，24ビットΔΣ方式A-DコンバータLTC2400との組み合わせ用に最適化した回路をいくつか示しています．同時に，

図30 (9) "A Correction of Differential to Single-ended Signal Conditioning Circuits for Use with the LTC2400 …" の抜粋(リニアテクノロジー, Application Note 78)

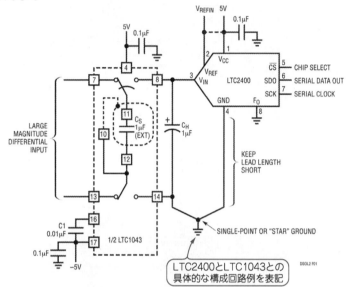

LINEAR TECHNOLOGY

Application Note 78

August 1999

A Collection of Differential to Single-Ended Signal Conditioning Circuits for Use with the LTC2400, a 24-Bit No Latency ΔΣ ADC in an SO-8

LTC2400とLTC1043との具体的な構成回路例を表記

Figure 2. Simple Rail-to-Rail Circuit Converts Differential Signals to Single-Ended Signals

SPECIFICATIONS

$V_{CC} = V_{REF} = LT^®1236\text{-}5$; $V_{FS} = 5V$; $R_{SOURCE} = 175\Omega$ (Balanced)

PARAMETER	CIRCUIT (MEASURED)	LTC2400	TOTAL (UNITS)
Input Voltage Range	−0.3 to 5.3		V
Zero Error	2.75		mV
Input Current	See Text		
Nonlinearity	±35	4	ppm
Input-Referred Noise (without averaging)	10	1.5	μV$_{RMS}$
Input-Referred Noise (averaged 64 readings)	1.5		μV$_{RMS}$
Resolution (with averaged readings)	21.7		Bits
Supply Voltage	5	5	V
Supply Current	0.45	0.2	mA
CMRR	118		dB
Common Mode Range*	−5 to 5		V

*0V to 5V for single 5V supply

この回路例によるSpecifications(仕様)を表記

仕様から計算できる総合特性を回路例ごとに示しており,実設計に有益な情報となっています.

● **実設計上のキーポイントを解説した例**

A-Dコンバータのデータシートには,その製品で規定している性能を出すための基本的な情報は必ず記載されています.しかしながら,すべての情報を掲載することは困難なのでエッセンス的なものにとどまるのが一般的です.この例では,

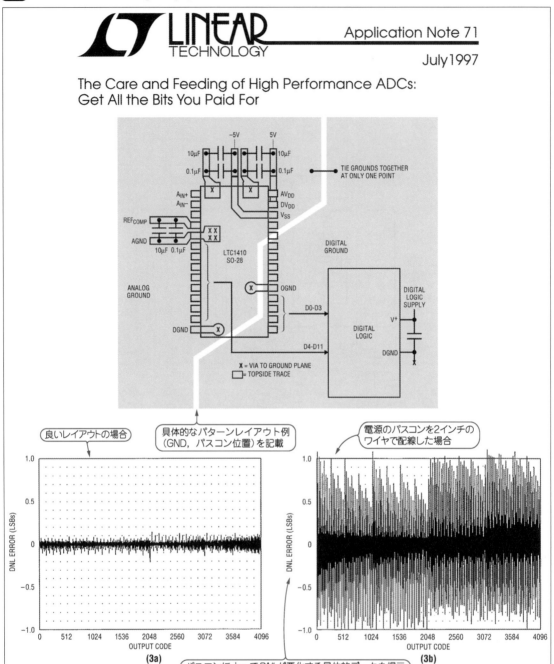

データシートに記載しきれない,より実設計上で考慮すべきキーポイントについて説明している例を示します.

図31 はリニアテクノロジー社の "The care and feeding of high performance ADCs…(Application Note 71)" の抜粋です.この資料では,特に実設計で重要なパターン・レイアウトの具体的な設計例,グラウンドのとりかたやバイパ

ス・コンデンサの配置などについて示しており,少なくともこのレイアウト例と近似な設計を行えばレイアウトに起因するトラブルは未然に防ぐことができます.

また,電源関係のバイパス・コンデンサの影響についても具体的な *DNL* 特性実測データを示して説明しており,その重要性を理解することができます.

Appendix-A

半導体メーカ各社から供給されている
評価ボードを入手すれば実験は簡単

A-Dコンバータにかぎらず，多くの高精度リニアIC製品は「アナログ製品」であり，規定されている特性を実際に得るためには多くの技術的なキーポイントが存在します．当該製品の実際の評価は設計業務上で重要な要素ですが，評価回路や実験用のプリント基板を設計者が製作する余裕はほとんどないのが現実です．

また，回路の試作といっても，リニアICのパッケージは小型化が進み，また特殊化されていることも多いので，これに対応することにも多くの労力を必要とします．

こうした背景から，各半導体メーカは各製品の評価ボード（Evaluation Module；EVMと呼称することが多い）を用意しています．

このEVMでは，当該製品はもちろん，入力部のアナログ回路，出力部のディジタル・インターフェース回路をも含んだA-D変換システムとしての必須機能を有しているものが一般的です．

したがって，設計者はこれらのEVMを入手することによって当該製品の動作，機能，特性（精度）を実際に確認することが可能となり，設計検証時間を大幅に短縮することができます．

また，A-Dコンバータの制御や，変換されたディジタル信号のインターフェースなどを容易にするためのUSBアダプタ・ボードや，データ処理のソフトウェアも用意されている場合もあり，これらの多くは評価モジュールあるいは評価キットとして供給されています．

EVM実例-1

図A-1に，16ビット分解能，250 kspsのA-DコンバータIC AD761x（アナログ・デバイセズ）の評価キットの構成を示し

図A-1 (6) AD761xの評価キットの構成（アナログ・デバイセズ）

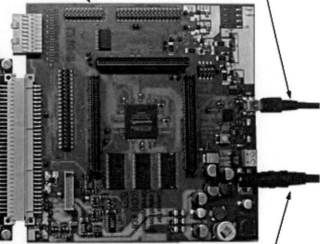

Converter Evaluation and Development Board (EVAL-CED1Z):
- Not required for stand alone evaluation
- Common to many Analog Devices ADCs
- Sold separately from the Eval board
- Includes DC power supply
- Includes USB cable

USB 2.0 Cable (Included)

PC equipped with:
- Windows XP or 2000
- 1, USB 2.0 slot

Analog input connectors (SMB)

PulSAR Evaluation Board (EVAL-AD76xx-CBZ)

A-Dコンバータ評価ボード

Universal World Compatible DC Power supply:
- (Included)
- Includes adapters for different countries

USBインターフェース，コントロール・ボード

ます.

この評価キットにおいては,
(1) A-Dコンバータ評価ボード(EVAL-ADC76xx-CBZ)
(2) 制御/PCインターフェース・ボード(EVAL-CED1Z)
(3) ソフトウェア(CED Version, ECB Version)

の各ハードウェアとソフトウェアで構成されており,これらをまとめて「評価キット」としています.

基本的なA-DコンバータICの動作,機能,特性(精度)はA-Dコンバータ評価ボードで可能ですが,変換信号の特性評価や,一般的なパソコンとのインターフェース機能は制御/PCインターフェース・ボードを介して実行します.

そして,これを制御するためのソフトウェアが同時に提供されています.

図A-2 にA-Dコンバータ評

図A-2 A-Dコンバータ評価ボードEVAL-ADC76xx-CBZのブロック・ダイアグラム

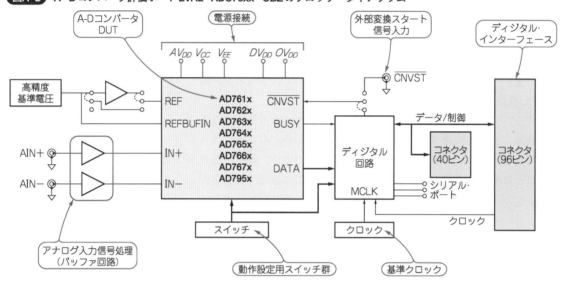

図A-3 評価キットのソフトウェアをインストールしてFFT解析を実行したときの画面

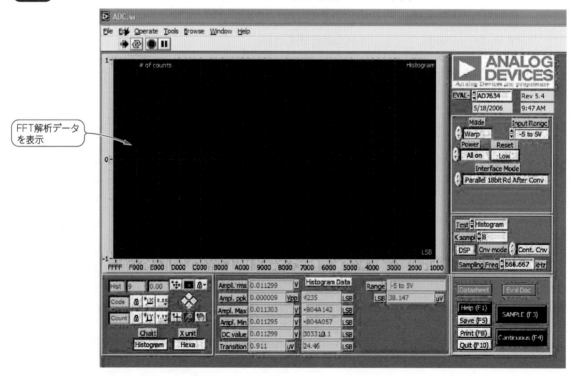

価ボードのブロック・ダイアグラムを示します．この評価ボードの場合はAD761xシリーズ共通で使用できるので，被試験デバイス（Device Under Test；DUTと表示されるのが一般的）はシリーズのうちの一つが実装されています．

アナログ入力は，入力コネクタからジャンパ接続でアナログ信号処理回路（バッファ回路）を介する信号ルートと直結ルートの切り替えができます．

高精度リファレンス電源はボード上に実装されているので，基本動作に外部リファレンスは必要としません．

ディジタル・クロック部は，基準クロック発振器をベースにA-D変換動作に必要なクロックを生成しています．また，選択機能によって変換スタート信号を外部から供給することもできます．

A-D変換されたディジタル・データは，データ・コントロール・インターフェースとともにインターフェース・コネクタに接続されています．

このA-Dコンバータ評価ボードは単体で動作（スタンドアローン動作）させることができますが，インターフェース・ボード，ソフトウェアと同時に用いることによって，より簡単な評価が可能になります．

図A-3 は，この評価キットのソフトウェアをインストールしてFFT解析を実行したときの画面表示例を示しています．このソフトウェアでは，FFT解析（*THD*, *DNR*, *SINAD*などのダイナミック特性）や，コードばらつきヒストグラムの測定が可能です．

EVM実例-2

16ビット分解能，8チャネル入力のA-DコンバータIC LTC1867（リニアテクノロジー）の評価ボード，DC874の概要を 図A-4 に示します．

図A-5 はA-Dコンバータ LTC1867の周辺回路部分です．

この評価ボードも評価キットとして，USBインターフェースのアダプタ/ソフトウェアと組み合わせることによって，簡単に動作と特性を評価することができます．

特にアナログ入力がマルチ・チャネルの場合は，そのチャネル数に応じた入力端子/入力回路を用意しなければならないので大変です．このような評価ボードではそれらが用意されているので，便利に利用することが

図A-4 (9) **LTC1867の評価ボードDC874の概要**（リニアテクノロジー）

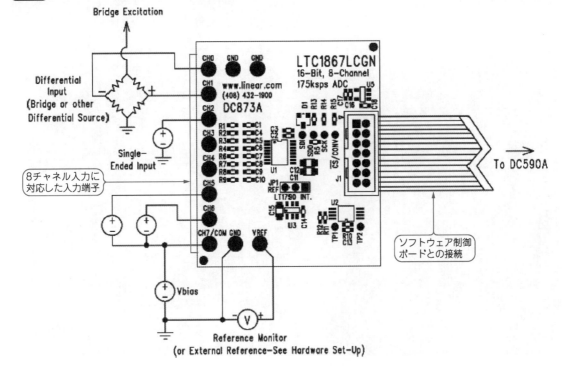

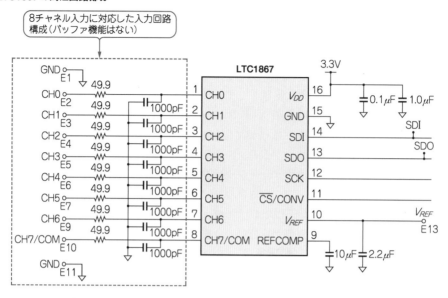

8チャネル入力に対応した入力回路
構成（バッファ機能はない）

写真A-1 (7) ADS1158シリーズの評価キット ADS1258EVMの外観（テキサス・インスツルメンツ）

ADS1158（1258）EVM
A-Dコンバータ・ボード

A-Dコンバータ本体

MMBOマザーボード
（コネクタでEVMボ
ードをマウント可能
な構造）

できます.

ただし，入力バッファ機能はありませんので，信号ソースは規定を満足するものであることが要求されます.

EVM実例-3

16ビット分解能，16チャネル入力のΔΣ型A-DコンバータIC ADS1158シリーズ（テキサス・インスツルメンツ）の評価キット，ADS1158 EVM，ADS1158EVM-PDK，MMBOの例を 写真A-1 に示します.

この評価キットにおいても，A-Dコンバータの基本動作はADS1158EVM上で実行されます.

評価用のインターフェース・マザーボードMMBOとパソコン，付属ソフトウェアを組み合わせることによって，A-DコンバータICの各種制御や，変換ディジタル・データの測定も実行することが可能です.

図A-6 は，この評価キットでのA-DコンバータICの動作制御のスクリーン・タブ表示の例を示しています．図(a)は16チャネルの入力チャネル選択機能のタブ表示例，図(b)はスイッチ・ディレイ・タイム選択機能のタブ表示例です.

このように，評価キットのなかには，A-DコンバータICのモデルにもよりますが，A-DコンバータICの動作や機能をシリアル・データ・インターフ

ェースで制御するタイプのものがあります．これらの場合，評価キット側のソフトウェアはパソコン上で制御機能スクリーン・タブが表示され，機能選択を実行することができます.

EVMの別の利用法

評価ボードの目的は当該製品の基本動作，機能，性能（精度）などの評価ですが，実物のEVMあるいはEVMの技術資料，データシート（User's Guideと呼称する場合もある）に掲載されている回路（使用部品を含む）と，プリント基板のパターン・レイアウトは大いに設計上の参考資料となります.

図A-6 評価キットでの動作制御のスクリーン・タブ表示

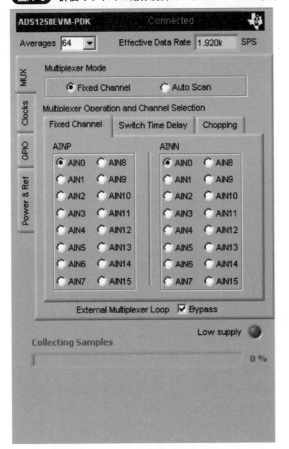

(a) 入力チャネルの選択タブ

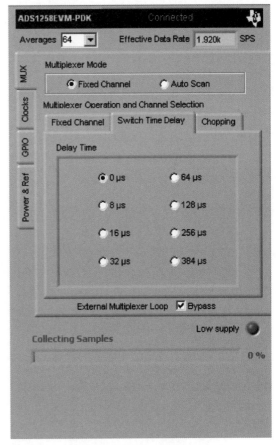

(b) スイッチ・ディレイ時間の選択タブ

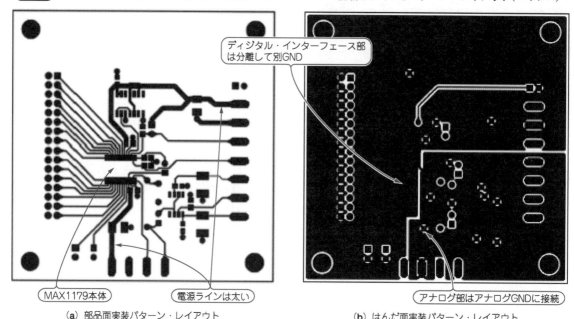

図A-7 (10) MAX1179の評価ボードMAX1179EVKITのデータシートに記載されているパターン・レイアウト（マキシム）

ディジタル・インターフェース部は分離して別GND

MAX1179本体   電源ラインは太い

（a）部品面実装パターン・レイアウト

アナログ部はアナログGNDに接続

（b）はんだ面実装パターン・レイアウト

　図A-7 に，16ビットA-DコンバータIC MAX1179（マキシム）の評価ボード，MAX1179 EVKITのデータシートに記載されているパターン・レイアウト図面を示します．

　この例では，2層の標準的なプリント基板で設計されています．部品面とはんだ面の実際のレイアウトは，当該A-Dコンバータ製品に対して最適化されたものであるはずです．すなわち，このパターン・レイアウトを基本として，実際の設計にこれを応用することができます．

　この例では，アナログ部とディジタル部の各グラウンドは分離しており，アナログ回路はアナログ・グラウンドに接続され相互干渉を最小限にしています．さらに，電源ライン・パターン幅（アナログ電源，ディジタル電源ともに）は他の信号ラインのパターン幅に比べて太くして，電源-GND間の低インピーダンス化を図っていることがわかります．

イニシャライズ　　　　　　　　　　　　　　　　　　　column

　A-DコンバータICのなかには，その基本動作をハードウェア（スイッチなどでの設定）あるいはソフトウェア（SPI，I²Cなどでの設定）で実行するものがあります．このようなA-DコンバータICでは，電源が投入されてから内部が基本動作に移行するまでに内部回路を初期化する必要のあるデバイスも多く存在します．

　この動作は，イニシャライズ（初期化）あるいはリセット動作で定義されています．

　ICデバイスによっては，電源投入で自動的に閾値電圧を検出してリセット動作を行うタイプのものもありますが，一般的にはリセット動作には基準動作クロックが必要となります．

　すなわち，イニシャライズあるいはリセット動作はA-DコンバータICを動作させるための最初の基本動作となります．したがって，リセットが正常に実行されていない場合は，動作異常やまったく動作しないなどの不具合が発生します．

　イニシャライズやリセットを完全に実行するための条件，電源電圧，クロック数，あるいはリセット制御タイミングなどはデバイス個々により異なります．したがって，各製品データシートに記載されている説明を十分に理解して，実設計を実行するようにしなければなりません．

第**8**章

分解能や変換スピードによって各種アプリケーションに対応する

実用A−D変換回路集

本章では，基礎編で解説したA−D変換の基礎，応用技術をベースにして，実アプリケーションに対応した実用回路例を紹介します．

これらの回路を実際に使用する際には，最新のデータシートを入手して，詳細について検討/確認するようにしてください．

8-1 あらゆる用途に使える標準的なA−D変換回路
12ビット精度，100 kspsの汎用A−D変換回路

図1 に計測，データ収集などの目的で汎用的に使えるA−D変換回路を示します．

ここでは，12ビット分解能，250 kspsのA−DコンバータIC LTC1860（リニアテクノロジー）と，ピン接続でゲインを設定できる高精度ゲイン・アンプLT1991（リニアテクノロジー）をアナログ・フロントエンド部に用いています．LT1991は±9V電源で動作させ，A−Dコンバータ入力での0V信号に対応できるようにしています．

総合誤差の検討要素としては，両デバイスのゲイン誤差，オフセット誤差が静特性としてあげられます．各仕様は両デバイスのデータシートから，次のように規定されています．

LT1991のゲイン誤差：$\pm 0.08 \%_{max}$

（5Vに対して±0.08％は±4mVに換算可）

LT1991のオフセット誤差：$135 \mu V_{max}$

LTC1860のゲイン誤差：$\pm 20 mV_{max}$

LTC1860のオフセット誤差：$\pm 5 mV_{max}$

この仕様から，ゲイン誤差はほとんどLTC1860で決定することがわかります．

オフセット誤差は，単純加算で±9mVがワーストとなります．一方，12ビット，5Vフルスケール信号の1LSB電圧は1.22mVとなるので，絶対値に対する初期総合誤差は20LSB以上となりますが，初期誤差を補正すれば12ビット精度でのA−D変換を実行できます．

一方，LT1991の信号帯域幅は100kHzなので，変換レートは100kspsで使用します．

図1 計測やデータ収集などの目的で汎用的に使えるA−D変換回路
12ビット分解能，250 kspsのA−DコンバータIC LTC1860（リニアテクノロジー）

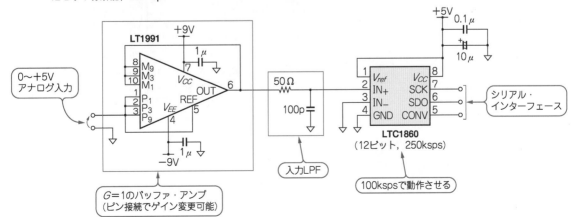

8-2 15ビット精度，200 kspsの一般計測用A-D変換回路

図2にデータ収集，ポータブル計測器などの一般計測用途に使えるA-D変換回路例を示します．

ここでは，16ビット，200 kspsのA-DコンバータIC LTC1609(リニアテクノロジー)を用いています．データシート記載の仕様から，A-D変換デバイスとしての実質的精度は15ビットとなりますが，ゲイン誤差とオフセット誤差は前段のアナログ回路を含めてゼロ調整するようにしています．

このゲイン/オフセット調整は生産工程での手間になりますが，実効分解能16〜15ビット精度での計測においては重要な機能となります．

アナログ入力部のOPアンプは低ノイズ特性を最優先して，信号帯域にあわせた速度(ゲイン帯域幅積)のものを選択します．ゲイン/オフセット誤差の初期値はゼロ調整できるので，それほど重要ではありません．

高インピーダンス入力対応で，回路はゲイン$G=2$の非反転アンプを構成しています．高入力インピーダンスを実現するには，FET入力タイプのOPアンプを選択します．

このA-D変換回路の入力OPアンプの+端子側にあるCR(100 Ωと220 pF)回路はローパス・フィルタを構成していますが，このフィルタはアンチ・エイリアシング機能というよりは入力保護の目的での回路となっています．

サージやESDによる急峻な過電圧に対して一般的なOPアンプは保護回路が内蔵されていますが，OPアンプのモデルによっては入力保護の方法(回路)が指定されているものもあるので確認する必要があります．抵抗は電流を制限し，コンデンサは応答性を吸収します．

オフセット調整とゲイン調整はOPアンプのオフセット電圧，ゲイン誤差も合わせてA-D変換総合として実行することができます．これらの調整手順については，データシートに記載されている情報を確認しなければなりません．

図2 データ収集やポータブル計測器などの一般計測用途に使えるA-D変換回路
16ビット，200 kspsのA-DコンバータIC LTC1609(リニアテクノロジー)

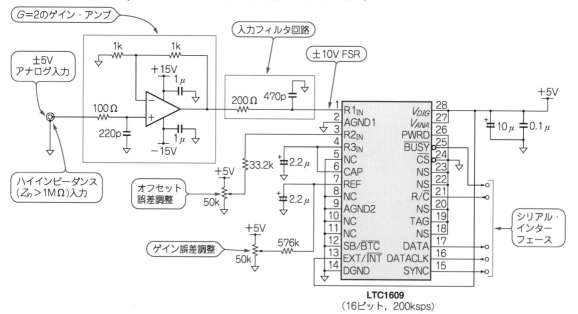

LTC1609
(16ビット，200ksps)

8-3
24ビット，625 kspsのΔΣ型A－Dコンバータを使用した
高精度計測用A－D変換回路

　図3に各種テスト装置，振動解析，高精度計測などに適した高精度A－D変換回路を示します．

　ここでは，24ビット，625 kspsのA－DコンバータIC ADS1672(テキサス・インスツルメンツ)を用いています．

　ADS1672においては複数の電源/GNDピンが用意されています．これらは共通接続できるものも多くありますが，電源デカップリング・コンデンサの最短距離接続が最も重要です．電源デカップリング・コンデンサ部分の接続方法を**図4**に示します．

　アナログ信号のフルスケール・レベルはリファレンス電源(V_{ref})で決定されます．ここでは，$V_{ref} = + 3.0$ Vとして外部リファレンスを供給しています．信号振幅レベルは3.0 Vですが，差動なので± 3.0 Vと規定しています．6.0 Vの1 LSBは0.36 μVという超低レベルの信号となるので，回路設計はもちろんのこと，実装におけるノイズ対策が重要です．

　ADS1672では，ディジタル・フィルタ部の動作設定(動作パス・モード)と変換レートとのパラメータによって実効的精度(有効ビット，$ENOB$)は異なりますが，A－D変換システムとして実質的に20ビット前後の高精度を実現することができます．これらの関係を**表1**に示します．

図3 **各種テスト装置や振動解析，高精度計測などに適した高精度A－D変換回路**
24ビット，625 kspsのA－DコンバータIC ADS1672(テキサス・インスツルメンツ)

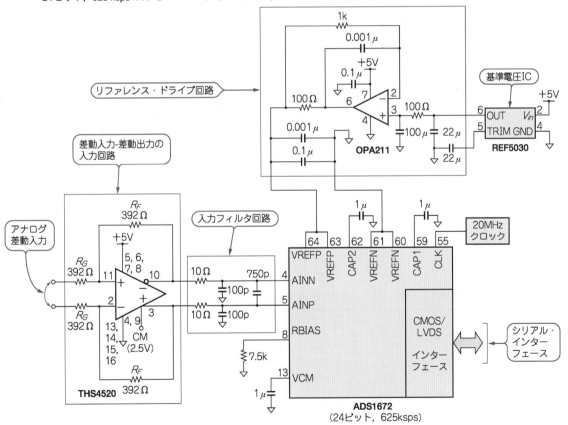

高精度A-D変換では，A-DコンバータICにアナログ信号を入力するまでのアナログ信号処理回路の精度が重要です.

このADS1672による24ビットA-D変換回路においても，**表1**に示されているとおり，入力換算ノイズは数μVオーダの低ノイズ特性です．このノイズ特性領域では，抵抗器自身のノイズも総合ノイズ特性に大きく影響するファクタとなります.

THS4520による差動入力-差動出力アンプ回路は，電源ハム・ノイズやグラウンドに存在するいろいろなノイズに対して，それらを差動アンプの特長であるコモンモード除去機能によって大きく抑圧できることが特長となります.

392 Ω という比較的小さい抵抗値 R_G も抵抗ノイズを考慮しての値となっていますが，これはそのまま入力インピーダンスになります．したがって，信号源の条件によっては信号ゲインを設定することや，入力バッファを追加する必要があります.

実装においては何よりも，グラウンドの低インピーダンス化に最大限の注意を払ったパターン・レイアウト設計が高精度実現上の重要なファクタとなります.

図4 ADS1672の電源デカップリング・コンデンサの接続

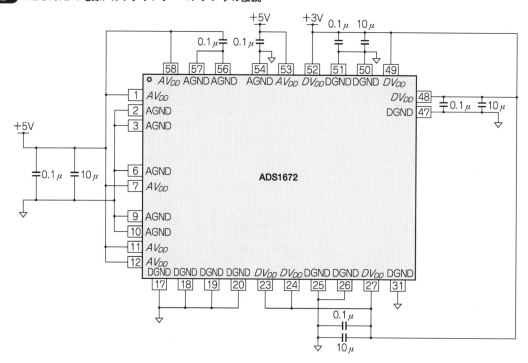

表1 ADS1672の動作設定と変換レートによる実効精度（V_{ref} = 3 V，f_{CLK} = 20 MHz）

フィルタ・パス	DRATE [1:0]	データ・レート	ダイナミック・レンジ	入力換算ノイズ	ENOB	ノイズ・フリー・ビット
ロー・レイテンシ	00	36 ksps	115 dB	3.9 μV_{RMS}	20.6	17.8
	01	68 ksps	113 dB	5.0 μV_{RMS}	20.2	17.5
	10	120 ksps	110 dB	6.7 μV_{RMS}	19.8	17.1
	11	180 ksps	108 dB	8.9 μV_{RMS}	19.4	16.7
広帯域	00	78.1 ksps	115.5 dB	3.9 μV_{RMS}	20.6	17.8
	01	156.3 ksps	113 dB	5.0 μV_{RMS}	20.2	17.5
	10	312.5 ksps	110 dB	6.8 μV_{RMS}	19.8	17.0
	11	625.0 ksps	107 dB	10.1 μV_{RMS}	19.2	16.5

8-4

24ビット分解能，96 kHz サンプリング，ステレオ対応
オーディオ用 A-D 変換回路

図6にAVアンプ，DVDレコーダなどの民生用オーディオ・アプリケーション用のA-D変換回路例を示します．周知のとおり，ディジタル・オーディオにおいては最高性能として24ビット分解能，最大192 kHz サンプリングのフォーマット（動作）が要求されますが，実際のサンプリング・レート対応のほとんどは96 kHz となっています．

ここでは，24ビット分解能，96 kHz サンプリング，ステレオA-DコンバータIC PCM1808（テキサス・インスツルメンツ）を用いています．PCM1808のデータシートから，主要オーディオ特性は，

$$THD + N = -93\ dB_{typ}$$

ダイナミック・レンジ $= 99\ dB_{typ}$

と規定されており，汎用的なディジタル・オーディオ・アプリケーションでは実用的なスペックと

なっています．

オーディオ・アプリケーションではDC特性（精度）はほとんど要求されないので，PCM1808の入力はACカップリング（コンデンサ接続）構成となっています．

また，一般的なオーディオ機器のライン信号レベルは $2\ V_{RMS}$ なので，アナログ入力回路では $G = 0.5$ の2次アクティブLPF回路と位相反転用の反転アンプでアナログ入力回路を構成しています．

ディジタル・インターフェースはLRCK（通常，基準サンプリング周波数 f_S，たとえば $f_S = 48\ kHz$），BCK，DATAで構成されるPCMオーディオ・インターフェースです．システム構成上の必須条件としては，動作用システム・クロックSCK（通常 $256\ f_S$，$512\ f_S$）とLRCK（f_S）は同期関係が要求されます．

図5 AVアンプやDVDレコーダなどの民生用オーディオ・アプリケーション用のA-D変換回路
24ビット分解能，96 kHz サンプリング，ステレオA-DコンバータIC PCM1808（テキサス・インスツルメンツ）

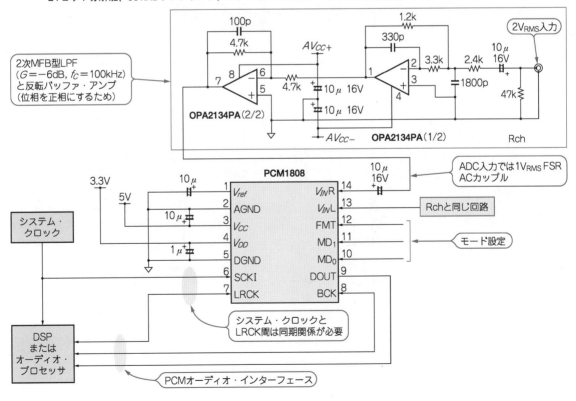

8-5 画像用高速A-D変換回路

図6 にCCD，IRカメラ，ディジタル・イメージング・システムなどの画像アプリケーション向けのA-D変換回路例を示します.

ここでは，16ビット，10 MHzサンプリング，差動入力A-DコンバータIC AD7626（アナログ・デバイセズ）を使用しています.

AD7626のデータシートから，信号入力周波数2.4 MHzにおけるダイナミック特性は，

SNR = 88.5 dB

$SFDR$ = 84 dB

THD = 86 dB

$SINAD$ = 85 dB

となっており（いずれも標準値），画像アプリケーションに十分な14ビット相当の動特性精度を有しています.

アナログ入力は差動で，内部リファレンス V_{ref} を使用すると入力フルスケール・レベルは± V_{ref} となります．画像信号はシングルエンド信号が多いのと，高周波信号としての50 Ωインピーダンス特性に対応するためADA4932-1（アナログ・デバイセズ）という差動ドライバICと組み合わせています.

AD7626の入力信号コモン・レベル（$V_{ref}/2$）はバッファ回路を介して，ADA4932-1差動ドライバのコモン電圧 V_{CM} として使用し，信号レベルを合わせます．ADA4932-1の入力部ではシングルエンド対応の接続として，50 Ω終端でインピーダンス整合を実行しています.

図6 CD/IRカメラ，ディジタル・イメージング・システムなどの画像アプリケーション向けのA-D変換回路
16ビット，10 MHzサンプリング，差動入力A-DコンバータIC AD7626（アナログ・デバイセズ）

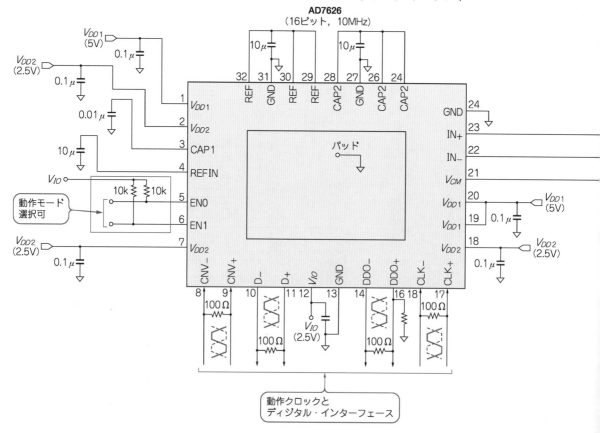

● 基準電圧の選択

AD7626の入力信号レンジは基準電圧 V_{ref} で決定されていますが，基準電圧ソースとして外部と内部とを選択できる機能を有しています．回路図にある動作モード設定のEN0/EN1ピンがこれに該当します．

EN0 = EN1 = 1では内部基準電圧で動作するモードであり，REF各ピンは共通でノイズ・デカップリング用のコンデンサ(10 μF)を対グラウンドに接続します．

EN0 = 0，EN1 = 1の動作モードでは，4.096 Vの外部基準電圧をREFピンに供給します．

EN0 = 1，EN1 = 0の動作モードでは，1.2 Vの外部基準電圧をREFピンに供給します．

● V_{CM} 出力

AD7626のアナログ入力信号レンジの中点はフルスケール電圧の1/2となり，これは V_{CM} 電圧として入力信号のコモン・レベルとなります．AD7626の V_{CM} ピンはこのコモン電位の出力端子で，外部アナログ信号処理回路のコモン・レベルとして用いることができます．

V_{CM} ピンの出力インピーダンスは5 $k\Omega_{typ}$ で規定されているので， V_{CM} を利用する場合はバッファ回路を介して高インピーダンス負荷として外部に供給する必要があります．

● シングルエンド-差動変換

AD7626のアナログ信号入力は差動対応となっていますが，一般的な映像信号は50 Ωインピーダンスのシングルエンド信号です．

ここでは，シングルエンド-差動変換のためにADA4932-1を用いています．したがって，AD7626には差動信号が供給されます．

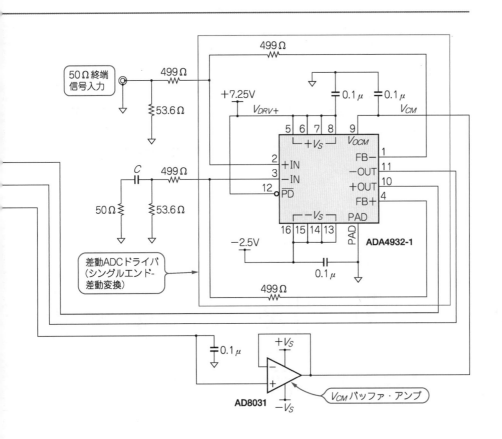

8-6 低消費電力A-D変換回路

図7 にポータブル計測，ポータブル医療計測などのバッテリ駆動アプリケーションに適した低消費電力A-D変換回路例を示します．

ここでは，12ビット，100 kHzサンプリングA-DコンバータIC ADS7866(テキサス・インスツルメンツ)を用いています．このデバイスは，わずか6ピンの小型パッケージでA-D変換機能を実行できるので，実装上の小型化もあわせて実現できます．

ADS7866のデータシートから12ビット相応の精度が実現できますが，入力電圧範囲は0 V(GND)～電源電圧となるので，入力回路もこれに対応する必要があります．

単一電源動作かつ低電源電圧動作(1.2 Vから動作可，ここでは2.4 V電源で設計)では，レール・ツー・レール動作が可能なOPアンプICが必要となります．ここでは，MAX9910(マキシム)を用いています．

このOPアンプの出力信号範囲は，データシートから，GND + 5 mV，電源電圧 - 5 mVとなり，A-Dコンバータ入力部での信号範囲が + FSR側，- FSR側でそれぞれ5 mVが無効となってしまいます．

精度の観点では，MAX9910の入力換算ノイズは50 kHz帯域で89 µV，オフセット誤差は±1 mVであり，これは2.4 V信号の1 LSBレベル590 µVに対しても数LSB相当であり，実用的な範囲と判断できます．

消費電力については，標準値と最大値が電源電圧と動作サンプリング・レートとのパラメータで規定されています．ただし，全条件で最大値が規定されてはいないので，当該動作条件(ここでは電源電圧2.4 V，サンプリング・レート100 kHz)での値は，ある程度の推測が含まれることになります．

この回路は実にシンプルな回路構成となっています．このようなポータブル・アプリケーションでの共通的な要求仕様は低電圧動作と低消費電力ですが，消費電力に関しては，A-DコンバータIC ADS7866の動作速度(サンプリング・レート)で大きく異なります．

また，動作速度と電源電圧はトレードオフの関係にあり，電源電圧が小さいほど動作速度は遅くなります．ADS7866のデータシートには，電源電圧が1.2 V，1.6 V，3.2 Vの3ポイントでの電源電圧条件でのみ最大値が保証されているので，電源電圧2.4 V時の消費電力は標準特性曲線と最大値/標準値との比から求めるしかありません．

図7 ポータブル計測器やポータブル医療計測などのバッテリ駆動アプリケーションに適した低消費電力A-D変換回路
12ビット，100 kHzサンプリングA-DコンバータIC ADS7866(テキサス・インスツルメンツ)

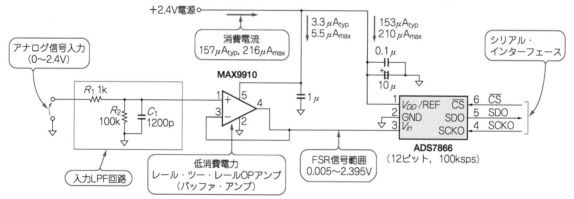

8-7

14 ビット, 250 ksps で8種類の入力信号を扱える
多チャネルA−D変換回路

図8はシングルエンド/バイポーラ入力, 8チャネルA−D変換回路の例です.

ここでは, 14 ビット, 8 チャネル, 250 ksps のA−DコンバータIC AD7949(アナログ・デバイセズ)を使用しています.

AD7949では14ビットのノー・ミッシング・コードが保証されており, ダイナミック特性でも$SINAD = 84$ dBが保証されています.

内部リファレンス電圧 V_{ref} は 4.096 V で, バイポーラ動作モードでは ± 2.048 V が入力電圧範囲となります. バイポーラ動作モードでは $V_{ref}/2$ を 10 ピン(COM)に供給する必要があり, これは

REFピンの電圧を抵抗分割してバッファ回路を介して供給しています. REF端子の電流供給能力は ± 300 μA_{typ} で規定されているので, 93 μA 程度としています.

アナログ入力部のOPアンプはバッファ兼ローパス・フィルタ(パッシブ型)機能なので, 低オフセット電圧, 低ノイズ特性を優先させて選択します. 8チャネルのアナログ入力回路は, シンプルなボルテージ・フォロワ回路構成とし, 入力部はCRによる広帯域除去のLPFを構成するとともに, 1 MΩ の入力抵抗で入力インピーダンスを決定しています.

図8 シングルエンド/バイポーラ入力, 8チャネルA−D変換回路
14 ビット, 8 チャネル, 250 ksps のA−DコンバータIC AD7949(アナログ・デバイセズ)

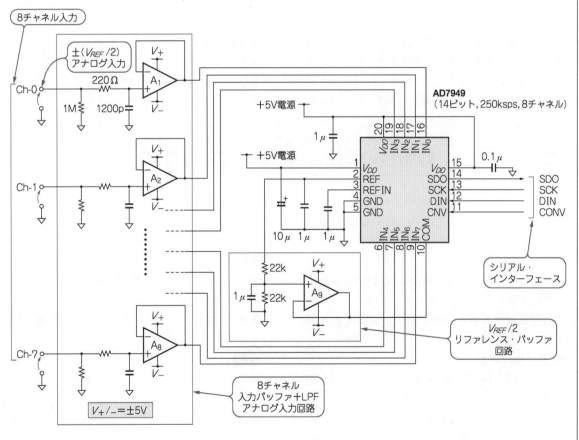

第**9**章
特性の確認/評価と不具合発生時の対応

A−D変換回路の測定とトラブルへの対処法

A−D変換回路にかぎらず，すべての製品，電子回路システムでは設計仕様どおりの安定生産ができることが目的であり，それを目標に設計業務，生産業務が行われます．現実では残念ながら，程度の差異はあれ，何らかのトラブルに遭遇することは多々あります．企画から設計，試作，量産の工程のなかですべてのトラブルは潜在しており，それが表面化すれば当然そのトラブルに対処しなければなりません．

最も対処が困難なトラブルは量産中，あるいは市場におけるものですが，各企業はこうしたトラブルを未然に防ぐためのプロセスや確認事項を厳密に定義しています．これは，設計者個人の資質に左右されるトラブルを，システムとして回避するものです．

設計されたシステムでのトラブルの検証に関しては，A−DコンバータICが独立動作しているときの精度が規定値となっているかを確認することが最重要です．それには，A−DコンバータICの独立動作での性能（精度）測定が可能であることが必要です．幸い，ほとんどのデバイスでは評価ボードが評価ソフトウェアとともに用意されているので確認作業は困難ではありません．

本章ではこうした観点から，A−Dコンバータの基本的な測定方法，仕様で保証されている精度と実際のトラブル対処例について解説します．

9-1 仕様上の規定条件を考慮してトラブル発生時の状況を評価する必要がある
静特性の測定と保証されている精度

A−DコンバータICの静特性とは一般的に，オフセット誤差，ゲイン誤差，積分直線性誤差（INL），微分直線性誤差（DNL）の各特性のことを意味します．

一般的な入力アナログ信号はDC信号あるいは比較的周波数の低いAC信号であるため，これらの信号に対する変換精度が重要な要素となります．

● 静特性の測定

A−Dコンバータの静特性テストの基本的な手法は，アナログ信号入力のフルスケール・スイープを実施し，この信号に同期したA−D変換データ（出力コード）を読み込むことになります．この手法では，A−DコンバータICの入力となるアナログ信号ソースの精度と制御方法が重要なファクタとなります．

アナログ信号源を何らかの信号発生装置とすると，分解能，精度に応じたステップ（たとえば12ビットでは4096ステップ）が必要です．また，このスイープをマニュアルで制御していたら大変な時間を要します．

D−Aコンバータを使用してディジタル制御するのが最適ですが，このD−Aコンバータは評価するA−Dコンバータに比べて十分な分解能と精度をもっていなければなりません．

図1 にA−Dコンバータの静特性を測定するためのテスト回路のブロック・ダイアグラム例を示します．

図1(a) はD−Aコンバータを用いた方法で最もシンプルに構成できますが，高速測定にはD−Aコンバータのセトリング・タイムや出力アナログ回路に高速性が要求されます．

図1(b) は積分ループによるテスト回路構成例です．電流ソースと積分器はA−Dコンバータ入

図1 A-Dコンバータの静特性を測定するためのテスト回路の構成

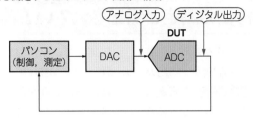

（a）簡単なテスト構成

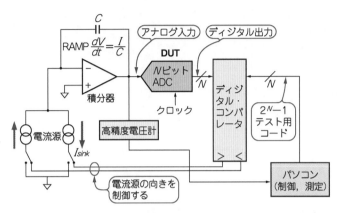

（b）高速/高精度テスト構成

力に結果的に小さな三角波を発生させ，コード遷移点を正確に測定することができます．

ディジタル制御側は分解能Nビットに対して2^N-1のコードを発生させ，これをフルスケール範囲でスイープします．この結果は蓄積されてデータ処理され，理想遷移点（伝達特性）からの誤差として表示することができます．

● **保証されている精度**

テストされた静特性は伝達特性として示すことができます．オフセット誤差とゲイン誤差は直線線誤差の規定では含まれない特性ですが，実際の伝達特性は理想直線からの誤差から見れば，オフセット誤差，ゲイン誤差，直線性誤差のすべてを含んでいます．**図2**に伝達特性の例を示します．

ここで，直線誤差の定義では，オフセット誤差とゲイン誤差をゼロとして，理想直線あるいは両エンドポイントからの誤差として規定しているのが一般的です．

したがって，実回路ではオフセット誤差とゲイン誤差を補償しないかぎりは，直線性誤差はオフセット誤差とゲイン誤差を含むことになり，規定仕様値より大きくなる場合もあります．

各特性において保証されている数値には必ず条件が記述されています．特に重要なのは，

(1) 動作電源
(2) 動作温度
(3) 変換時間（サンプリング周波数）
(4) 入力信号（差動/シングル，レベル）

の各仕様で，実際にトラブルが発生したときに規定条件と実条件での差異について確認しなければなりません．

すなわち，全温度範囲で保証されている仕様なのか，動作範囲内の全サンプリング時間で規定されている仕様なのかなどの条件となります．

図2 A-Dコンバータの伝達特性の例

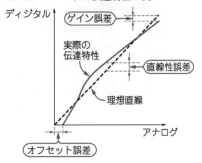

9-2 動特性の測定と保証されている精度

A-DコンバータICの動特性(ダイナミック特性)とは一般的に，THD特性，SNR特性，SFDR特性などのAC信号に対する特性(精度)を定義しています．オーディオ信号，ビデオ信号などに代表されるこれらのAC信号においては，そのダイナミック特性評価では全高調波，ノイズ・スペクトラムなどの特性パラメータが重要なファクタになります．

● 動特性の測定

A-Dコンバータの動特性のテストの基本的な手法は静特性と同じと言えますが，アナログ入力信号がAC信号，一般的には周波数1kHzから100MHz程度までのサイン波信号であることと，変換ディジタル・データにFFT解析を実行するところが異なります．

図3にダイナミック測定テスト回路の構成例を示します．サイン波信号を発生する信号発生器はシンセサイズド方式によるディジタル制御，高精度信号(信号周波数，信号レベル，信号の高調波などの各特性)が要求されます．

FFT解析はFFTアナライザの使用が一般的ですが，FFTアナライザの測定信号帯域，周波数分解能，振幅レベル・ダイナミック・レンジはA-Dコンバータの性能を上回る性能(精度)を有している必要があります．

● 保証されている精度

テストされた動特性は，FFTプロット・データとして表示されるとともに数値が表示されます．THD，SINAD，SNR，SFDRなどの各特性

に加えて，IMD(Inter Modulated Distortion)特性，TTIMD(Two Tone Inter Modulated Distortion)特性といった，信号ソースが複数のテスト方法が存在します．どの特性が重要なのかは実アプリケーションによって異なります．

図4にFFT解析データ例とFFTウィンドウの概念を示します．データシートに各特性の保証値が規定されていますが，静特性と同様に電源，温度などの動作条件に加えて，ダイナミック特性では信号とテスト方法に対する条件が多く存在します．

テスト回路の構成としては，まず信号源であるアナログ・テスト信号のフィルタリングと変換ディジタル・データのディジタル領域でのフィルタリング条件が重要となります．保証されている特性，仕様では信号レベル，信号周波数，変換サンプリング・レートの基本条件が重要です．

実アプリケーションでの動特性に関するトラブルにおいては，動特性規定の基本条件のほか，

(1) FFTサンプリング・ポイント数
(2) FFT周波数分解能
(3) FFTウィンドウの種類

の各条件について確認する必要があります．これらの条件が異なると当然,測定結果は異なります．特に，ノイズ・フロアについてはウィンドウの種類(Rectangular, Hammingなど)によって3dB～6dBの差異がありますので，FFTプロット・データを比較検討するときにはこれらを考慮しなければなりません．

図3 ダイナミック測定テスト回路の構成

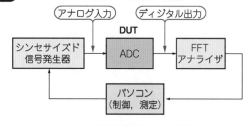

(a) 標準的なFFTテスト構成

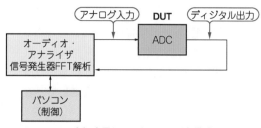

(b) 専用システムでのテスト構成

図4 FFT解析データ例とFFTウィンドウの特性

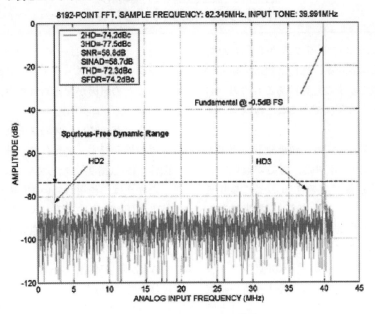

(a) 高速ADCのFFT特性例

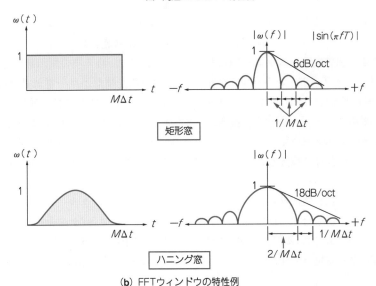

(b) FFTウィンドウの特性例

A-Dコンバータ→D-Aコンバータのテスト　　　　　　　　　　column

　動特性の物理的な精度はA-D変換されたデータ，すなわちディジタル・ドメインでの測定から得られたものです．

　アプリケーションにもよりますが，ビデオやオーディオなどの人間の視聴覚に関するものについては，物理的測定と同時に視聴覚でのテストも実行されるのが一般的です．

　このような場合の最も簡単なテスト方法は，A-D変換されたデータをD-Aコンバータによって再度アナログ信号に変換する方法です．A-D変換されたディジタル・データのフォーマット（ディジタル・コードの種類やインターフェース・フォーマット）とD-AコンバータICの入力フォーマットを合わせれば，そのまま簡単にテストを実行できます．

トラブルへの対処方法

設計されたシステムでトラブルが発生した場合，その対処方法は各企業，部門，設計者個々が経験してきた実績で多少の差異はあるものの，目的としてはトラブルの解決であることは間違いありません．

解決のための手順としては，現象確認，原因の追及/確認，原因に対する対処，対処が適切であるかの検証という手順で実施することになります．いずれにしろ，トラブル対策は設計者にとって大きな実務経験の蓄積にもなるので前向きに対処する姿勢が重要です．

● システムにおけるトラブル箇所の確定

実際のトラブルにおいて，その発生場所の確定ができれば，その発生原因を確認して対処策を講じることができます．実際には，そのトラブルの発生場所の確定が困難であるケースが多く存在します．

図5 に，A－D変換制御表示システムを例にしたトラブル箇所のチェック・ポイント（CP$_n$）を示します．制御，表示機能，CPU機能，クロック・マネージャ，電源マネージャなどまで捜索範囲を広げると大掛かりになるので，ここではA－D変換機能の周辺部にかぎって検証します．

▶CP$_1$：アナログ信号インターフェース部

アナログ信号ソース（電流/電圧検出，各種センサ出力など）のアナログ信号とA－D変換のアナログ入力とのインターフェース（接続，配線）における何らかの不具合がある場合です．

たとえば，インピーダンス整合が合っていない，インターフェース・ラインに外来ノイズが乗っているなどの原因が考えられます．

▶CP$_2$：アナログ回路

アナログ信号ソースのアナログ信号処理回路が原因の場合です．アナログ信号処理回路が所定の動作，特性（精度）となっていないことによります．

たとえば，使用しているOPアンプICのオフセット電圧が大きすぎる，入力信号に対して飽和動作を起こしているなどの原因が考えられます．

▶CP$_3$：A－D変換回路

A－D変換回路，A－DコンバータICが所定の動作，特性（精度）となっていない場合です．

これは非常に多くの検証項目があるので，原因追及にはまた別の観点での検証が必要です．A－DコンバータICの仕様，動作条件の不整合などの原因が考えられます．

▶CP$_4$：A－D変換の電源部

A－D変換部が単一電源動作の場合では確率は低いですが，アナログ系電源，ディジタル系電源ともに複数系統の電源を使用している場合，電源シーケンスが正常に動作していない，電源にノイズやリプルが多く乗っているなどの原因が考えられます．

▶CP$_5$：ディジタル・インターフェース部

A－Dコンバータの動作クロック，データ読み込み，制御タイミングなどのディジタル・インターフェース部が原因の場合です．

図5 A－D変換制御表示システムを例にしたトラブルのチェック・ポイント

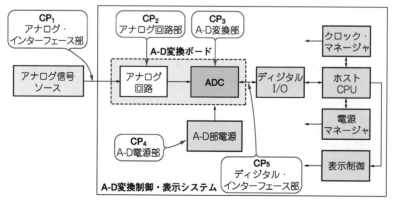

たとえば，クロック波形が乱れて（オーバーシュート/アンダーシュートなど）正確な伝送ができない，タイミング設計が規定時間ぎりぎりでタイミングによって誤動作を発生する，クロック・ジッタによって精度が劣化するなどが原因です．

● **A-D変換におけるトラブル原因の検証**

システムでのトラブルのなかでも，A-DコンバータICにおけるトラブルの原因検証についてここでは解説します．

図6 はA-DコンバータIC周辺での原因検証のおもなものを機能別に示したものです．A-D変換回路の動作や精度が設計仕様と異なる原因としては，デバイスが不良品であるなどの特殊な場合を除いて，そのA-DコンバータICデバイス自身が本来の規定されている動作条件下で動作しているかどうかから調べる必要があります．

▶ 電源関係

電源は動作において最も基本的な確認項目です．デバイスの電源端子上で規定の電圧が正常に印加されているか，電源電流が規定あるいは標準的な電源電流値に対して異常に異なっていないかが最初の確認項目となります．当然，何らかの異常があれば電源電圧値，電源電流値ともに異常が確認されるはずです．

複数の電源系が供給されている場合は，それぞれの電源ON/OFFのシーケンスが推奨あるいは規定されているシーケンスに合致しているかが確認項目になります．シーケンスが異なるためにデバイスの初期リセット動作が正常に動作せずに起こるトラブルもあります．

精度に関しては，電源のデカップリングと電源ライン上のリプル，ノイズの影響がありますので，電源ピン-GND間に直接デカップリング・コンデンサを接続して，特性が変化するか否かで判断することもできます．

▶ アナログ入力関係

アナログ入力関係ではまず，信号レベルが規定のアナログ入力電圧範囲（FSR）に対して正常なレベルか否かの確認が必要です．

アナログ回路出力とA-DコンバータICのアナログ入力端子間のインピーダンス整合，アナログ回路のドライブ能力不足はゲイン誤差や，信号レベルに依存した精度誤差の原因になります．オフセット誤差は温度特性をもつので，温度変化に関係する場合の原因の一つになります．

チャネル切り替えや，ゲイン切り替えなどの機能がアナログ回路に含まれる場合は，切り替えタイミング，切り替え時の過渡特性でのトラブルもあります．ダイナミック信号も同様に周波数特性，過渡特性による原因は信号速度（信号周波数）に依存する現象となります．

▶ グラウンド，レイアウト関係

グラウンド接続は実装上で重要な要素ですが，精度と動作に対しての物理的数値での規定が難しいので，実際の影響度合いについては実装状態でのカット＆トライ的な手法によらなければならない場合もあります．

グラウンド・インピーダンスの影響を確認するには，A-DコンバータICのGNDピンからシステムのアナログ電源グラウンド間に比較的太いワイヤで直接接続することで，現象が改善されるかどうかを確認することができます．この処理はノイズ・リターンとして，ディジタル・ノイズの影響も確認することができます．

図6 A-DコンバータIC周辺での原因検証のポイント

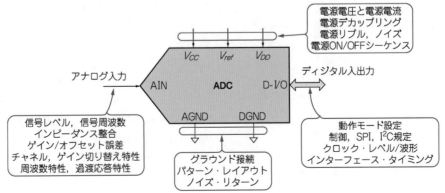

▶ディジタル入出力部

　ディジタル入出力部の機能としては，A-DコンバータICの動作設定，動作クロック供給，変換ディジタル・データ・インターフェースなどに大別されます.

　SPI準拠，I^2C準拠などのインターフェースの場合は，クロック・タイミングと，設定レジスタのマッピングなどが規定どおりか否かを確認する必要があります．クロックでは，そのHレベル/Lレベルの判定ロジック・レベルに対して，実際のクロックが波形乱れによってタイミング誤差を発生して誤動作の原因となる場合もあります.

　タイミング確認においては，オシロスコープや

ロジック・アナライザによる波形観測が一般的ですが，波形乱れなどのアナログ的なクロック波形観測にはアナログ方式のオシロスコープを用いることを推奨します．ディジタル方式の場合，A-D変換原理から実際の波形と異なる波形を示すことがあります.

　また，いくつかのクロック間のタイミング観測ではロジック・アナライザの使用が便利です.

　高速A-D変換では，アパーチャ・ジッタ，クロック・ジッタの影響による精度劣化があります．動作基準クロックに対してはデューティ・サイクル，ジッタの各要素について確認する必要があります.

チェック・ポイントについての補足　　　　　column

●CP₁

　アナログ信号ソースとしては，DC信号/AC信号ともにその素性が明らかになっている場合と，信号そのものが不確定な場合があります．A-DコンバータICの入力では，ほとんどの場合はDC信号/AC信号にかかわらず電圧振幅信号です．アナログ信号ソースが電圧信号であれば，電圧-電圧の関係での信号処理が実行されているので，不具合に対する対処も比較的簡単に行えます.

　実アプリケーションによっては，電圧(電流)の信号に変換する以前の何らかのアナログ量を電圧(電流)信号に変換する過程での伝達特性を誤って設計したり，あるいは伝達特性が不具合となっていたりすることも考えられます.

　一般的なものは各種センサであり，光，磁気，振動，温度などの各種物理量を電気信号に変換するセンサの特性については十分に確認しておかなければなりません.

　たとえば，フォト・ダイオードにおいては，
(1) 光電流(入射光量によって伝達特性がある)
(2) 接合容量
(3) 並列/直列抵抗
(4) 暗電流
といった要素(特性)について検証しておかなければなりません.

　また，超音波センサにおいては，
(1) 公称周波数特性
(2) 送/受信感度(周波数-感度)特性

(3) 探知距離/分解能
(4) 最大印加電圧
といった要素(特性)があります.

●CP₂, CP₃

　アナログ信号処理とA-DコンバータIC(アナログ信号入力部分)の不具合の発見には，アナログ・オシロスコープを活用するのが一番です.

　手順としては，最初は無信号時の状態(主に信号入出力DCレベル)の確認からスタートし，次にフルスケール信号を入力してみるのがよいでしょう.

●CP₄

　電源条件と同時に，動作クロック条件の両方がここでは重要なファクタになります.

　電源シーケンスがデータシートに記載されている条件に合致していることは当然であり，タイミング要素として電源が安定するまえに何らかの制御信号を加えていたり(当然，制御は無効)，動作クロックとのタイミングでA-DコンバータICが初期化(リセット)されていないために動作異常を起こすことも考えられます.

●CP₅

　ディジタル・インターフェースでの設計ミスの多くは仕様の読み間違いにあります.

　たとえば，データのセットアップ・タイム/ホールド・タイムが十分でなく，実力的に何とか動作するような場合があります．また，デバイス個々のばらつきで動作不具合が発生するようなケースもあります.

9.4 常時？ときどき？温度によって？
トラブルが発生するのはどのようなときか

システムのトラブル問題で実際に遭遇するのは，不確定条件で発生するケースです．問題となるトラブルが常時，常温で発生している場合は，前述の手順でいけば原因と対処方法が見つかるはずです．やっかいなのは，そのトラブルが不確定要素で発生する場合です．

たとえば，電源ON/OFFの繰り返しを何回か行うと発生する場合や，一定あるいはランダムな時間周期ごとに発生する場合があります．

対温度でのトラブルにおいては，実システム内のA−D変換ボード部のみに温度条件を加えるという特殊な条件を必要とします．

図7にトラブル発生における各要素についての概念を示します．

● 時間ファクタでのトラブル

時間ファクタの定義は，そのトラブルが常時発生するのでなく時間要素で発生する場合を意味しています．トラブルが一定間隔(周期)で発生する原因には，クロック・タイミング，サンプリング・レートに関係した不具合であることがまず考えられます．

特に，複数のクロック・ソースが存在し，それらが同期関係になく，個々に利用されている場合が考えられます．たとえば，クロックの衝突，変換タイミングと動作クロックの位相ずれ，タイミング誤差(許容内)の蓄積による規定タイミングはずれ(許容外)などが原因として考えられます．

また，原因としてそのトラブル発生周期 t と，基準クロック周波数 f_C，サンプリング周波数 f_S などとの整数関係があれば，原因はより解明しやすくなります．

一方，ランダムに発生するトラブルは解明が困難と言えます．前述したように，発生場所の確定と並行しての検証作業が必要です．

● 温度ファクタでのトラブル

温度ファクタの定義は，そのトラブルがどの温度条件で発生するかを意味しています．トラブルの発生がシステムの動作温度範囲において高温で発生する場合は高温動作不良，低温で発生する場合は低温動作不良と定義できます．

一般的なA−DコンバータICの仕様規定温度は＋25℃ですが，主要特性を動作温度範囲内(たとえば−25℃〜＋85℃など)で保証しています．したがって，実際の温度が規定内であるか否かが最初の検証項目となります．

ここで注意しなければならないのは，温度規定は多くの場合，周囲温度であることです．筐体内に実装されたA−D変換ボードは周囲デバイスの消費電力によって熱上昇が発生するので，当該デバイス(A−DコンバータICおよび周辺のアナログ処理IC)のパッケージでの温度を確認することが必要です．

また，実装上においては，デバイスの熱抵抗(ジャンクション-ケース θ_{jc}，ケース-周囲温度

図7 トラブル発生における各要素についての考えかた

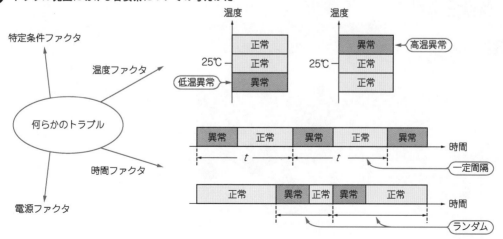

θ_{ca} など)が実装パターンで異なる場合(パワーパッド・パッケージなど)もありますので,これらについて確認しなければなりません.

オフセット,ゲイン,直線性誤差,THD,$SFDR$,$SINAD$ などの各 AC 特性,DC 特性が規定(設計)を満足しないトラブルは,A-D コンバータ IC 自身の特性によるところが多くあります.

これらの仕様の対温度標準特性はデータシートに記載されていますが,標準特性と保証値は異なるので,ワースト・ケースでは標準値を大きく越えることになります.これを設計上考慮しないで設計仕様としていた場合の対処法は,その特性値を保証しているデバイスとの交換になってしまいます.

いろいろある便利ツール column

トラブル対処においては,回路と実装の両面での検証が必要ですが,トラブル対策をより効率的に実施できる便利ツールをここでは紹介します.

●冷却スプレィ

最も普及しているツールで,スプレィ缶から目標とする IC デバイス表面に冷却ガスを噴出することで,そのデバイスが高温異常を起こしているかどうかを簡易的に検証できるものです.

サンハヤト社のウェブ・サイトに掲載されている製品「キューレイ」の使用例を 写真A に,噴射時間-温度特性グラフを 図A に示します.

●各種 IC 用テスト・クリップ

アナログ信号やディジタル信号のチェックを行う場合,最近の IC デバイスは高密度化されているので,その当該 IC デバイスの端子(ピン)にプローブを直接当てることができないケースもあります.こうしたケースに対応するために,各種のテスト・クリップを用意しておくことが推奨されます.

写真B に,やはりサンハヤト社のウェブ・サイトに掲載されている各種テスト・クリップ製品の一例を示します.

IC のピン間隔に対応したものを選択することによって,複数ピンを同時にモニタすることもできる便利ツールと言えます.

写真A 冷却スプレィの使用例(キューレイ;サンハヤト)

図A キューレイの噴射時間-温度特性
室温:23℃,噴射距離:ノズル先端から 5 cm

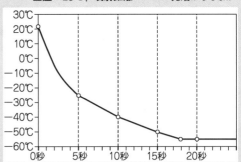

写真B 表面実装の IC に使用できるテスト・クリップの例
(FP-7L-10;サンハヤト)

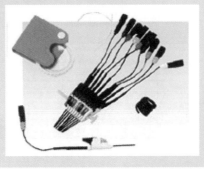

9-5

A-DコンバータICにも適用される
半導体デバイスの信頼性とESD対策

A-D変換システムのトラブル対策においては，回路設計やプリント基板のレイアウト設計，実装における不具合とはまったく別の観点でのトラブル対策が要求されます．それは半導体デバイスの信頼性とESD対策です．

信頼性はA-DコンバータICにかぎらず，半導体デバイスの寿命，故障までの時間を特定条件下で規定するもので，信頼性の高い半導体デバイスを用いることで故障発生の確率を低下させることができます．

一方，ESD（Electric Static Discharge）は静電破壊を意味しています．これもA-DコンバータICにかぎらず，多くの半導体デバイスはESDによって破壊することがあり，半導体デバイス個々でESD耐量が規定されています．ESD破壊は半導体デバイスの取り扱いによって大きく影響されるので，使用する側での取り扱いに対する注意も必要です．

● 半導体デバイスの信頼性

半導体デバイスの信頼性に関しては非常に多くの文献や，メーカ各社での信頼性に関する技術資料，試験データが存在しています．それぞれにおいて定義や条件が異なる場合もありますが，「信頼性」とは特定受験での試料試験結果による工学的，数学的な故障率の推定と定義することができます．

実際の半導体デバイスの故障率Fの定義は，単位時間における故障発生率で定義され，単位にはFIT（Failure In Time）が用いられます．

$$F\,[\text{FIT}] = \frac{D_{Fall}}{D_{work}T_{work}} \times 10^{-9} \cdots\cdots\cdots\cdots (1)$$

D_{Fall}：総故障数
D_{work}：稼動デバイス数
T_{work}：稼動時間［hour］

たとえば，故障率が1 FITであるとすると，（稼動デバイス数×稼動時間）＝ 10^9で1個の故障が発生することを意味します．100個のデバイスが稼動しているとすると，稼動時間は10^7時間となります．

この故障率は時間の変化に対する固有の特性をもっています．**図8**に，故障率と時間との関係

を示します．特性曲線がバスタブ（浴槽）に似ているので，一般的にはバスタブ特性と呼ばれています．このバスタブ特性は，時間別に次の3領域に区別されます．

（1）初期故障領域

デバイスの使用開始から1000時間程度までの領域での故障率

（2）偶発故障領域

デバイスの使用から初期領域を経過し磨耗領域までの故障率

（3）磨耗故障領域

デバイスの寿命による故障発生が発生する領域での故障率

故障率が何FITまで許容できるかは実アプリケーションによって異なりますが，半導体デバイス・メーカにおける試験結果での故障率は試験結果としての値なので，使用側が改善を要求しても即応できるものではありません．

コストはかかりますが，初期故障に対してはスクリーニング（screening）という手法で低減させることは可能です．これは，半導体デバイス・メーカで出荷前に当該デバイスと規定条件（温度，時間）で稼動（通電動作）させ，そのあとで検査をするという手法です．

これによって，バスタブ特性の初期時間領域を経過した故障率の低い状態でデバイスが供給されます．

● 半導体デバイスのESD対策

日常生活においても静電気は身近な存在で，自動車のドアノブ，衣服の着脱などでほとんどの人

図8 故障率と時間との関係

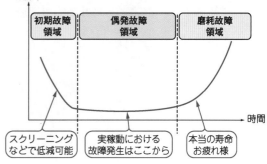

が経験していると思います．半導体デバイスにおいても静電気は天敵であり，半導体デバイス内部ではほぼすべての出入力端子には何らかの保護，対策が実施されています．

半導体デバイスでのESDは破壊に通じる（多くの場合は絶縁酸化膜が静電気で破壊されてショート状態となる）ので，その扱いには十分な対策が必要です．ESDに関する規格（JEITAやJEDEC）では大別して2種類のESD試験方法と耐圧レベルを規定しています．

図9にESDテスト回路の構成を示します．ヒューマン・モデルは，人間が帯電した電荷を半導体デバイスに放電することを想定としたテストです．マシン・モデルはデバイスの周辺マシンが帯電した電荷を半導体デバイスに放電することを想

定したテストです．
いずれの場合も，

$$V = \frac{Q}{C} \dots\dots\dots (2)$$

V：電圧　［V］
Q：電荷　［C］
C：容量　［F］

の関係から，規定のESD耐量（電圧）がテストされます．

ESD対策は実験ラボや製造工場においては必須の要求事項です．これについては各企業で独自の対策を実施しているはずです．設計エンジニアがラボなどで半導体デバイスを扱う場合は，少なくとも抵抗を介してグラウンドに接続されたリスト・バンドの使用を推奨します．

図9 ESDテスト回路の構成

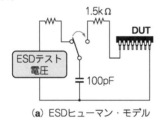

（a）ESDヒューマン・モデル

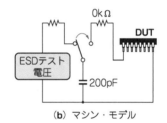

（b）マシン・モデル

参考・引用＊文献

(1) 川田章弘；OPアンプ活用 成功のかぎ，2009年，CQ出版社．

(2) トランジスタ技術SPECIAL No39，A-Dコンバータの選び方・使い方のすべて，1993年，CQ出版社．

(3) 戸川治朗；実用電源回路設計ハンドブック，1988年，CQ出版社．

(4) 稲葉保；アナログ回路の実用設計，1981年，CQ出版社．

(5) 松井邦彦；シグマ・デルタ型A/Dコンバーターの使い方，ADM Selection No.22，エー・ディー・エム株式会社．

(6)＊ アナログ・デバイセズ株式会社，データシート，技術資料など．
▶ http://www.analog.com/jp/index.html

(7)＊ 日本テキサス・インスツルメンツ株式会社，データシート，技術資料など．
▶ http://focus.tij.co.jp/jp/tihome/docs/homepage.tsp

(8)＊ ナショナル セミコンダクタージャパン株式会社，データシート，技術資料など．
▶ http://www.national.com/analog/adc

(9)＊ リニアテクノロジー株式会社，データシート，技術資料など．
▶ http://www.linear-tech.co.jp/

(10)＊ マキシム・ジャパン株式会社，データシート，技術資料など．
▶ http://japan.maxim-ic.com/

索 引

■ 著者紹介

河合　一（かわい・はじめ）

1955 年　神奈川県横須賀市に生まれる

1976 年 4 月　山水電気㈱入社．同社にてオーディオ技術，アナログ回路，電子技術の実用技術を習得．

1985 年 1 月　日本バーブラウン㈱入社．高精度リニア IC のアプリケーション技術を担当．1988 年の CD プレーヤ発売時の頃よりディジタル・オーディオ用コンバータ製品のアプリケーションを専任で担当．

2001 年 1 月　日本テキサス・インスツルメンツ㈱入社．オーディオ・エキスパート，ハイエンド・アプリケーション・マネージャとして BB ブランド製品を担当．

2009 年 6 月同社を退職．エレクトロニクス，オーディオ，ジャズ関係のフリー評論／ライターとして活動開始．

トランジスタ技術 SPECIAL No.109

A-D コンバータ活用ノート ［オンデマンド版］

2010 年 1 月 1 日　初版発行　　　　　　　　　　　　　　　© CQ 出版株式会社 2010
2021 年 11 月 1 日　オンデマンド版発行　　　　　　　　　　（無断転載を禁じます）

編　集　　トランジスタ技術 SPECIAL 編集部
発行人　　小 澤 拓 治
発行所　　CQ 出版株式会社

ISBN978-4-7898-5290-6

定価は表紙に表示してあります．

乱丁・落丁本はご面倒でも小社宛てにお送りください．
送料小社負担にてお取り替えいたします．

〒 112-8619　東京都文京区千石 4-29-14

電話　編集　03-5395-2123
　　　販売　03-5395-2141

表紙デザイン　千村 勝紀
表紙オブジェ　水野 真帆　　表紙撮影　矢野 渉

編集担当　清水 当
Printed in Japan